우리가 미처 몰랐던 양자물리학

가볍게 꺼내 읽는
슈뢰딩거

샤를 앙투안 | 김희라

 북스힐

Originally published in France as:

Schrödinger à la plage - La physique quantique dans un transat,

by Charles ANTOINE

© Dunod, 2018, Malakoff

Illustrations by Rachid MARAÏ

Korean language translation rights arranged
through Icarias Literary Agency, South Korea.
Korean Translation © Book's Hill Publishers
Arranged through Icarias Agency, Seoul.

차례

프롤로그 · 5

프롤로그

∿

미스터리한 이론에 적합한
파격적인 물리학자

무언가 준비하는 건 위험하다. 양자 세계의 기묘함 속으로 파고드는 아주 멋진 여행에서 빈손으로 빠져나오지는 않을 테니.

　이 세계에서는 신비로운 고양이들이 살아 있거나 동시에 죽어 있으며 요망한 생쥐들이 한번 쳐다보기만 해도 달이 생겨난다. 어떤 상호작용들은 시공간을 벗어나 이뤄진다. 사물이 동시에 두 곳에 존재하기도 하며 어떤 매개 장소를 거치지 않고 한 장소에서 다른 장소로 이동하기도 한다. 이 세계에서는 모든 것이 확률이고 가상의 파동일 뿐이며, 물질은 끝없는 재창조 과정 속 일시적인 진동일 뿐이다. 그리고 '공空'은 그 이름이 무색하리만큼 어마어마한 에너지로 가득 차 있으며 무한소無限小는 무한대無限大와 서로 얽혀 있고 평행우주가 마구 증가하며 부조리와 신성함이 서로 멀지 않다.

《 인생에서 가장 행복한 순간은 미지의 땅으로 출발할 때이다. 》

리처드 프랜시스 버턴 경,
『탐험일지』

이것은 추상언어 애호가들을 위한 순수한 지적 건축물인가? 형이상학적 문제의 신봉자들을 위한 수학적 묘기인가? 철학과 광기의 경계에 선 괴상한 과학 이론인가? 이 이론은 혁신적이며 강력한 것으로 드러났지만 많은 이가 이와 같은 질문에 '그렇다'라고 답할 것이라 예상된다. 양자물리학은 비상식적인 것처럼 보이지만 실은 실험적으로 대단히 잘 입증된 이론이다. 그렇기 때문에 이 이론은 때로 당혹스럽기도 하다. 특히 빛과 물질의 상호작용에 관해서 그렇다.

그런데 양자물리학은 미시 세계의 탐험자들에게만 신비로운 광채를 보여주는 숨겨진 아름다움으로만 존재하는 것이 아니다. 우리가 의식하지 못하지만 양자물리학은 일상 속 거의 모든 행위에 존재한다. 이를테면 스마트폰 화면 위로 손가락을 움직일 때, 컴퓨터 키보드를 두드릴 때, 전자부품이 결합된 도구를 사용할 때 모두 관여한다. 양자물리학 없이는 다이오드와 트랜지스터의 기능을 이해할 수 없고, 따라서 집적회로나 마이크로프로세서, 플래시메모리도 이해할 수 없다. 양자물리학이 없다면 물질파도 없고, 따라서 원자시계나 내비게이션도 있을 리 만무하다. 양자물리학 없이는 레이저, 자기부상열차, 초정밀 의학영상과 보안통신기술도 없다.

그리고 미래에 우리가 투표를 하고 은행카드를 사용하고 옷을 입고 지구에서 또는 우주에서 여행할 때, 우리 옆에는 양자물리학 덕분에 실험실에서 만들어낼 수 있었던 도구들이 함께할 것이다. 그 것들은 바로 양자컴퓨터를 비롯해 그래핀, 탄소나노튜브 같은 신소재뿐 아니라 양자 순간이동 도구까지 아우른다.

하지만 이뿐만이 아니라는 점을 인기 라디오 프로그램 진행자인 면역학자 장클로드 아메장Jean-Claude Ameisen도 언급한다. 최근 연구에 따르면 생명체에도(광합성할 때의 식물 또는 어떤 철새들의 눈 속에) 양자효과가 존재한다. 이 분야는 극도의 복잡성 때문에 여태 논외로 밀려나 있었으며, 생명체가 양자 결맞음이라는 매우 불안정한 현상을 가진다는 생각은 터무니없는 것으로 치부되었다. 오늘날에는 의식마저, 또는 적어도 인간의 사고가 어떤 정보를 의식 속의 확인된 사실로 변환하는 것조차 양자적 성질의 상호작용과 연결된 것으로 의심할 정도의 단계에 도달한 것 같다.

확실히 그렇다. 물리학자 스티븐 와인버그Steven Weinberg가 말하듯, "양자물리학을 발견한 날 우리는 더 이상 이전과 같지 않다". 따라서 이 책은 그야말로 비범한 여행으로 여러분을 초대하고 있다.

이 이론의 위대한 발견자 및 설계자들 중 누가 에르빈 슈뢰딩거 Erwin Schrödinger(1887~1961)보다 우리를 더 잘 안내할 수 있을까? 물론 슈뢰딩거는 플랑크나 아인슈타인, 파인먼처럼 유명하지 않고 보어, 드브로이, 파울리만큼 계시적인 인물도 아니며 디랙, 폰 노이만,

1940년, 53세의 에르빈 슈뢰딩거

하이젠베르크보다 조숙하지도 않다(설사 이 물리학자들의 이름이 생소하더라도 놀라지 마시길. 이 책은 바로 이런 분을 위해 쓴 것이니!). 그러나 에르빈 슈뢰딩거의 모든 생애와 연구는 양자물리학과 닮아 있다.

양자물리학의 탄생을 마주했던 물리학자 두 세대의 중간쯤 위치한 슈뢰딩거는 거의 모든 핵심 단계에 함께했다. 그는 이 이론의 주축 방정식인 슈뢰딩거방정식을 만들었는데, 이 방정식의 해를 기초로 오늘날의 주요 기술 분야에 양자물리학이 적용되고 있다. 또한 그는 양자물리학의 양대 기둥(하이젠베르크, 보른, 요르단의 행렬역학과 프랑스 학자 루이 드브로이의 연구에 기초해 슈뢰딩거 자신이 정립한 파동역학)을 종합 정리했다. 그리고 너무나 유명한 죽어 있거나 동시에 살아 있는 고양이를 가지고 양자물리학의 표준 해석을 비판하고, 친구인 알베르트 아인슈타인과 함께 양자 얽힘이라는 기본 개념의 도입을 반박했다. 그뿐만 아니라 현대 과학의 양대 산맥인 양자물리학과 일반상대성이론을 통합할 초이론에 대해 비록 성과는 없었지만 끈질긴 연구를 이어나갔다. 그리고 과학과 영성의 관계와 철학에도 몰두했다. 게다가 80년 후 양자생물학이라는 혁명적 분야가 될 연구의 길을 열어주었다.

슈뢰딩거는 과학적 접근 방식에서만 파격적인 면모를 보인 것이 아니라 연인관계, 우정, 삶의 방식을 선택할 때도 마찬가지였다. 한마디로 모든 종류의 관습을 거부한 자유로운 정신의 소유자였다. 그는 당대의 과학에 깊은 영향을 미쳤고 당시의 신념들을 뒤흔들었다. 그의 통찰력을 간파하기 위해 시간이 필요했다는 듯, 지금 그의 과학 및 철학 연구가 끊임없이 재발견되고 더욱 진가를 인정받고 있다.

아인슈타인은 "발명은 벗어나 생각하는 것"이라고 했다. 슈뢰딩거의 생애와 연구보다 더 아름다운 예시가 있을까! 그의 삶과 학문의 모든 요소가 양자물리학이라는 거대한 책의 의미를 알려주니 말이다.

1장

〜

여행의 서막

양자물리학을 세 개의 단어와 열 개의 질문으로 요약하다!

"우주가 이미 하나의 미로이니 또 다른 미로를 만들 필요는 없다." 아르헨티나의 시인 호르헤 루이스 보르헤스Jorge Luis Borges는 이렇게 말했다. 이 장은 여러분의 항해일지이자 여행의 초대장이 되어 이후 소개될 양자물리학의 개념과 원리들을 요약해줄 것이다. 이 장이 여러분의 끝없는 양자물리학 여행에서 아리아드네의 실이 되길 바란다.

여러분은 이 흥미로운 이론에 대해 틀림없이 다음과 같은 의문을 가질 것이다. 그러면 그에 대해 즉각적이고 간결하게 답해줄 것이다. **양자물리학**은 무엇에 관해 말하고 있는가? 그 원리들은 무엇인가? 다른 이론들과 어떤 점에서 다른가? 빛은 여기서 왜 중요한 역할을 하

《 모든 여행자는 일단 몽상가이다. 》

브루스 채트윈, 『파타고니아』

는가? 양자란 무슨 뜻인가?

또한 이 장의 목적은 여러분을 이 굉장한 이론에 즉시 빠져들게 하고 옆에 있는 누군가가 "그러니까 이 대단한 양자물리학이 도대체 무엇이냐"고 끈질기게 물어올 때 세 단어나 세 문장으로 대답하도록 도와주려는 것이다. 물론 여러분이 이미 이 질문에 답할 수 있다면 이번 장은 건너뛰어도 된다. 하지만 그렇지 않다면 산책하기 좋아하는 오스트리아 학자들의 이름과 몇 가지 전문용어가 여러분을 실족시키더라도 걱정하지 마라. 이어지는 내용들이 여러분의 여행길에 선명한 색채를 더해줄 것이다.

우선 이 시점에서 양자 에베레스트 정상에 도달하고자 하는 것은 무리라는 점을 알아두자! 큰 목표는 여러분이 장비를 갖추도록 해 첫 번째 베이스캠프에 도달하게 한 다음, 장차 북쪽 사면을 등반할 때 여러분 스스로 올라갈 수 있는 비법을 알려주는 것이다.

그러나 난해한 것들을 이해할 때 느끼는 날아갈 듯한 기쁨을 여러분에게서 앗아가려는 것은 아니라는 점을 알아주시길! 비록 막연할 수밖에 없는 몇 가지 단순화와 비유들이 나오겠지만, 우리의 모험에 여러분의 주의력과 갈망과 상당한 노력이 필요할 것은 당연하다. 배우이자 시인인 자크 강블랭Jacques Gamblin은 이렇게 말했다. "압박감이 없다면 내기도 없다. 욕망이 있을 때 게임도 있고 기쁨도 있는 것이다."

🦀 세 단어로 표현한 양자물리학

아인슈타인이 상대성이론에서 비롯된 유명한 공식 $E = mc^2$을 가지고 '모든 것은 에너지다'라는 점을 보여준 것과 같은 방식으로, 양자물리학의 정수를 다음 세 단어로 요약할 수 있을 것이다.

"모든 것은 진동이다!"

모든 것은 진동이고 모든 것은 '파동'이다. 이것은 수면에 조약돌을 던지면 나타나는 파문, 혹은 바람이 밀 이삭을 훑고 지나가는 흔들림, 혹은 악기 안에 생기를 불어넣는 떨림과 같다. 그러나 우리가 일상에서 흔히 보는 이러한 물리적 파동과 달리 양자파동은 (음파와 반대로) 물질적이지도 않고 (광파와 반대로) 눈에 보이지도 않으며, 심지어 어떤 방법으로도 관찰할 수 없다. 이것은 또 다른 세계, 즉 가상의 수학적 세계에 속한 추상적 파동이지만, 그럼에도 불구하고 우리가 사는 세계에 물리적 영향력을 가지고 있다!

이것이 어떻게 가능한가? 이 두 세계는 어떤 관계인가? 우리를 둘러싼 이 추상 세계와 실제 세계의 관계는 어떤 성질을 지니는가? 이 미묘하고 혼란스러운 질문들은 과학자들로 하여금 측정이라는 개념을 다시 보게 하고, 관찰한다는 의미에 대해 깊이 이해하도록 하며, 그로부터 실재라는 개념 자체를 다시 정의하게 만들었다.

🐚 열 개의 질문으로 살펴보는 양자물리학

1. 양자물리학은 언제 그리고 왜 만들어졌는가?

양자물리학은 오늘날 물리학의 주요 토대가 되는 두 이론 중 하나이다. 다른 하나는 아인슈타인의 일반상대성이론이다.

양자물리학의 원리들은 1900~1930년에 주로 유럽 연구자들에 의해 서서히 정립되었다. 알베르트 아인슈타인이 1905년 빛알 개념을, 뒤이어 루이 드브로이Louis de Broglie가 1923년 **물질파** 개념을 도입했으며, 오늘날 우리가 아는 바대로 양자물리학을 정리하고 형식화한 학자들은 베르너 하이젠베르크Werner Heisenberg, 에르빈 슈뢰딩거, 폴 디랙Paul Dirac, 닐스 보어Niels Bohr, 볼프강 파울리Wolfgang Pauli, 존 폰 노이만John von Neumann 등이다.

양자물리학은 사실 당대의 이론(주로 역학과 전자기학)만으로는 설명할 수 없었던 관찰이나 실험에 답하고자 만들어졌다. 이후 당대의 이론에는 양자 개념과 대조적으로 고전적이라는 수식어가 붙었다.

당시 이해되지 못했던 대부분의 실험과 관찰들은 빛과 물질의 상호작용(이를테면 항온체가 방출하는 복사 문제)이 개입되는 것이다.

2. '양자'의 의미는 무엇인가?

이 단어는 '얼마나 많이'를 뜻하는 라틴어 '콴툼quantum'에서 유래했다. 콴툼은 오늘날 '작은 알갱이'를 의미하며, '작은 에너지 알갱이'라는 뜻을 함축하고 있다. 이 알갱이의 성질에 관해 명확히 규정된 것은 없다. 넓은 의미로 볼 때 양자란 양자물리학의 개념이나 효과와 밀접하게 혹은 느슨하게나마 연결될 수 있는 모든 것을 가리킨다. 그리고 양자효과는 양자물리학을 통해 예측되거나 설명되는 효과를 말한다.

더 엄밀히 보면 콴툼(복수형은 콴타quanta)은 두 사물 간의 상호작용 시 어떤 물리량이 취할 수 있는 최소량이다. 이때 이 물리량의 **양자화**가 있다고 말하며, 이것이 이 상호작용의 특징이 된다.

작은 에너지 알갱이가 결국 의미하는 바는 빛이 '광자'라고도 불리는 에너지 콴타의 형태로 입자성을 가진다는 것이며, 일반적으로 우리 주변에 존재하는 모든 것은 이 같은 입자성을 보인다는 점이다. 예를 들어 우리가 쉽게 물질의 입자라고 생각하는 원자들도 그 안에 입자적인 에너지 구조를 갖고 있다. 심지어 공간과 시간도 최근 이론에 따르면 시공간 입자들로 구성되어 있다.

3. 양자물리학의 상징적 실험에는 어떤 것이 있나?

양자물리학의 발견자들은 혁명적인 개념과 원리들을 차례로 도입했는데, 그 타당성을 확인하기 위해 다양한 실험이 필요했다.

가장 상징적인 실험은 **영**Young**의 슬릿** 실험이다(자세한 내용은 34쪽 참조). 이 실험은 두 개의 슬릿을 사용해 오로지 어떤 입자와 관련된 확률파동 개념만 강조한다. 그 입자가 물질의 입자(예를 들면 전자 또는 원자)든 빛의 입자(광자)든 말이다.

초창기에 이 이론을 확고히 정립시킨 또 다른 핵심 실험 중에는 특히 에너지(빛에너지 또는 원자에너지)의 양자화, **스핀**의 존재, 물질파의 구체적 실재를 증명하는 실험들이 있다. 최근 실험 중에는 얽힘과 비국소성(1981년 프랑스의 물리학자 알랭 아스페Alain Aspect의 연구와 2015년 네덜란드 물리학자 로날드 한손Ronald Hanson의 연구 덕분이다) 현상의 실재를 증명한 실험들이 있으며, 2012년에는 힉스 보손 같은 기본 입자의 발견과 관련된 실험이 있었다.

1990년대에는 **양자 순간이동**의 실질적 구현 및 가간섭성coherent 물질파의 생성(클로드 코엔타누지Claude Cohen-Tannoudji는 이 연구로 1997년 노벨 물리학상을 수상했다)과 더불어 또 다른 문들이 열린다. 2010년 이후로는 **양자정보과학**과 **양자생물학**이 전 세계에 걸쳐 공공 및 민간 부문의 다양한 실험을 매개로 도약하고 있다.

4. 이것은 잘 입증된 이론인가?

양자물리학은 극도로 잘 입증된 이론이다. 이 이론의 확장판인 **양자전기역학**(전문가들의 용어로는 QED)에는 빛-물질의 상호작용과 아인슈타인의 **특수상대성이론**이 고려되었으며, 심지어 모든 시대를 통틀어 가장 잘 증명된 이론으로 간주되고 있다(이러한 점에서 아인슈타인의 일반상대성이론과 비견될 만하다. 더구나 이 이론이 예측했던 화제의 중력파가 2015년에 발견된 후로는 더욱 그러하다).

그러나 양자전기역학은 대량의 원자와 물질에는 적용될 수 없다. 그러므로 관찰된 현상들을 설명할 때는 양자물리학의 간소화 버전(이 책에서 주로 다루는 내용)이 사용된다. 이 경우에도 예측과 측정 결과는 매우 정밀하게 일치한다. 그러나 의혹을 불러일으키는 이상 양자효과(특히 생물학과 초전도성 분야에서)라는 것도 존재해 새로운 진보 가능성을 열어두고 있다.

5. 양자물리학은 어떤 대상에 관심을 두는가?

양자물리학의 주된 적용 분야는 극소 영역이지만 양자효과는 자연의 모든 차원에 존재한다. 원자의 기본적 구성요소를 보여주는 초미시적 차원에서부터 인간과 산업의 차원을 거쳐 우주의 천문학적 차원까지.

그러므로 양자물리학은 가장 작은 것부터 가장 큰 것까지 모든 대상에 관심을 둔다고 말할 수 있다! 간단히 말하면 "모든 것이 양자적이다!"

사실상 양자파동은 어떤 대상에든 혹은 어떤 대상의 집합에든 연결시킬 수 있다. 하지만 우리는 일상 속에 존재하는 대상의 양자적 특성에 접근할 수도 없고, 사실 접근하기가 매우 어렵다. 그런데 원자 수준에서 관찰되는 매우 양자적인 세계와 겉보기에 훨씬 양자스럽지 않은 우리의 일상 세계의 경계가 어디인지 연구하는 독립적인 연구 분야도 있다.

6. 이 이론은 다른 이론과 어떤 점에서 다른가?

현대 물리학의 또 다른 기둥인 일반상대성이론이 운동의 상대성 원리처럼 거의 철학적인 거대 원리에 근거하는 것과 달리, 양자물리학은 거대한 원리에 근거하지 않는다. 양자물리학은 정말이지 여러 원리의 목록에 의지한다. 어떤 이들은 이것을 레시피라고 부르는데, 이것이 정당한지는 여전히 논쟁거리이다. 이 기이한 레시피에는 확률파동, 스핀, **양자도약** 개념과 마찬가지로 기이한 재료가 동원된다.

양자물리학은 보편적으로 과학에서 확실성의 종말을 고하고 있으며 그에 따라 물리학의 모든 일반적 개념, 이를테면 국소성, 실재론, 측정, 공간, 시간, 인과율, 공空 등에 대한 포괄적이고 심오한 재검토가 이뤄지고 있다. 심지어 단일 우주와 존재 자체라는 개념도 폐기된 듯하다!

물론 양자물리학에도 독특한 개념이 있다. 그것은 매우 특수한 수학적 형식에 대한 물리적 해석이 필요한 개념이다. 오늘날 여러 해석이 우위를 겨루며 이 이론이 실제로 뜻하는 바를 이해하려고 하지만 대부분의 과학자는 물리학자 데이비드 머민David Mermin의 "닥치고 계산하라!"는 독설을 문자 그대로 따르며 양자물리학의 고도로 예측 가능하고 기술적인 측면에만 몰두하고 있다.

7. 단 하나의 양자 원리만 기억해야 한다면?

기억해야 할 단 하나의 원리가 있다면 그것은 **파동-입자 이중성**이다.

어떤 이들은 눈살을 찌푸릴 것이다. 왜냐하면 이것이 진짜 원리는 아니기 때문이다(게다가 이것은 양자물리학에서 새로이 대두된 특성이므로 초기에는 이 원리가 전제될 필요가 없다). 또한 '이중성'이란 단어는 종종 몰이해의 근원이자 부정확하게 사용되거나 남용되는 원인이 된다.

그러나 파동-입자 이중성은 모든 것이 파동이고 진동이라는 양자물리학의 정수를 아주 잘 요약해준다. 그러므로 빛과 물질은 두 얼굴을 하고 있다. 작은 입자 형태를 띠고 있어 입자성을 가지는 동시에 파동의 형태를 띠므로 파동성도 가지는 것이다. 그런데 이 파동은 실제가 아니다. 이것은 추상적이며 우리가 살고 있는 실질적인 물리적 공간과 구분된 수학적 공간에 존재한다. 따라서 이 파동-입자 이중성의 원리는 오히려 '모든 것은 양자파동으로 표현될 수 있다'는 원리로 대체되어야 한다.

좀더 기술적인 관점으로는 **양자 상태**를 더 많이 언급하고 있으므로, 정확한 문장은 '모든 것은 양자 상태로 표현될 수 있다'가 된다.

8. 양자물리학이 적용되는 주요 분야는 어디인가?

양자물리학은 그 기원에서부터 물질의 다양한 하부구조를 묘사하기에 이상적인 학문이다. 물질의 하부구조란 원자와 그것의 구성 요소인 전자, 양성자, 중성자 등을 말할 뿐 아니라 그보다 더 작은 입자들, 즉 중성미립자와 쿼크도 포함한다. 적용 분야는 널리 알려진 입자물리학과 관련 있는데, 입자물리학은 화제의 힉스 보손 같은 기본 입자의 특성과 성질을 이해하려는 학문이다.

양자장론이라 불리는 일련의 양자이론이 존재하는데, 이것은 양자물리학과 상대성이론의 간소화 버전의 결합에서 비롯되었다. 그중 양자전기역학은 빛과 물질의 상호작용과 관련 있는 반면, 양자색역학은 원자핵의 구조에 주목한다.

장, 힘, 에너지

프리드리히 니체가 우리에게 경고했듯 '각각의 단어가 하나의 편견'이라면 과학의 단어들은 두 배는 더 그러하다. 대부분의 과학 용어는 정말이지 그 단어의 상식적 의미와 크게 다른 의미를 지닌다. 예를 들어 '힘'이라는 개념은 어떤 물체의 움직임을 바꿀 수 있는 모든 상호작용을 가리킨다. 만일 물체가 힘의 작용으로 움직인다면 그때 힘이 일을 했다고 한다. 즉 한 점에서 다른 점으로 에너지가 이동했다고 말한다. 에너지는 매우 변화무쌍한(운동에너지, 위치에너지, 열에너지, 일에너지) 물리량이며 에너지의 총체적 손실 없이 한 형태에서 다른 형태로 쉽게 바뀔 수 있는 특징을 갖고 있다. 예를 들어 산을 오를 때는 생물학적 에너지가 다양한 형태의 에너지로, 특히 열에너지와 중력위치에너지로 바뀔 수 있다.

실제로 여러 가지 힘(압력, 마찰력, 코리올리 힘)이 존재하지만, 우리가 물리학을 통해 오늘날 이해하는 바에 따르면 이 힘들은 모두 단 4가지의 힘, 이른바 기본 힘에서 비롯된다. 4가지 기본 힘이란 중력, 약한 핵력, 전자기력, 강한 핵력(뒤로 갈수록 강한 힘)이다. 이 힘들은 각기 하나의 **장**場에 연계된다. 장은 매 순간 공간의 모든 지점에서 정의되는 물리량으로 해수면의 한 지점에서 물의 높이와 조금 유사하다. 물질의 입자들은 이 장의 들뜸(물결이나 잔물결과 비슷하다)으로 관찰되며 이들의 상호작용도 바탕이 되는 장에서 탄생한 입자들의 매개로 이뤄진다.

또 다른 중요 적용 분야는 양자화학으로, 원자들이 화학결합물과 분자를 형성하기 위해 서로 연결되는 방식을 이해하고 이론적 모델을 제시하는 학문이다.

그리고 또 다른 분야인 고체물리학에서는 우리 주변에 있는 물질의 구조와 더불어 어떤 물질은 왜 고체인지, 그것이 왜 그리고 어떻게 전기와 열을 전하는지, 신소재를 만드는 것이 가능한지 이해하려고 한다. 이 분야는 마이크로 전자기술 및 나노기술 분야와 긴밀하게 관련되어 있다.

9. 우리는 어떤 점에서 양자물리학과 관련 있는가?

우선 양자물리학은 오래전부터 실험실에서 벗어난 학문이다!

몇 가지 예를 들어보자. 모든 전자기기의 부품(레이저 다이오드, 트랜지스터, 플래시 메모리 등)은 **터널효과**라고 하는 양자효과에 기초한다. 이를테면 GPS 형식의 시스템은 원자시계가 제공하는 안정적이고 초정밀한 기준 시간에 의존한다. 우리가 소비하는 원자력과 태양에너지 또한 양자 과정에 의지한다. 레이저 수술과 영상의학 기술도 마찬가지이다.

일반적으로 우리 주변에서 일어나는 거의 모든 물리적 과정, 즉 광합성에서부터 손에 쥐고 있는 잎사귀나 태블릿을 우리 손이 뚫지 못한다는 사실에 이르기까지, 모든 과정이 이처럼 기이하고 매혹적인 양자 세계의 지배를 받는다.

양자물리학은 우리 일상 속에서 여러 모양의 단어로도 존재한다! 레몽 푸앵카레Raymond Poincaré는 이것을 "영혼의 비밀스러운 통행자들, 위대한 마술사이자 군중을 이끄는 공포의 지도자들"이라 부르기를 좋아했다.

실제로 '양자'라는 용어가 크게 유행하며 언뜻 보기에 양자물리학의 통상적인 적용 분야와 아무 관련 없는 많은 분야, 이를테면 의학, 철학, 스포츠, 예술 및 다양한 영성 분야의 글들은 온갖 종류의 양자적 어휘로 넘쳐난다.

하지만 이 책을 열어본 여러분은 닥치는 대로 사용되었던 양자 어휘들의 실제 의미를 알고 싶다는 선택을 했다. 어떤 주장들이 수학적으로나 물리학적으로 정확하지 않더라도 그 주장들이 변함없이 흥미롭고 영감을 받았거나 주는 내용일 때, 이 주장들과 자의적 혹은 비양심적인 말들 사이에서 취사선택할 기회를 스스로 가진 것이다.

마지막으로 양자물리학은 오늘날 우리 일상에 간접적으로 관여하지만, 미래에는 직접적으로 침투할 것이 분명하다! 나노 입자, 그래핀 같은 초박막 신소재, 금융보안과 전자투표를 보호하기 위한 양자암호기술, 인공지능과 미래 컴퓨터, 양자생물학 등을 통해서 말이다.

10. 빛은 양자물리학에서 왜 중요한가?

빛은 양자물리학에서 지대한 역할을 해왔고 지금도 하고 있는데, 그 이유는 여러 가지이다. 우선 양자물리학이 탄생한 20세기 초에 이 학문은 빛의 성질에 관한 연구와 관련 있었다. 과학사에서 빛의 역할은 사실 하나만 거론하기 부족할 정도로 결정적이다. 예를 들면 이후 '광자'라 부를 작은 에너지 다발로서 빛의 입자성은 '양자화'라는 중요한 개념으로 연결되었다. 반면 빛과 물질의 상호작용(양자도약에 의해 제멋대로 발생하는)에서 우연적인 특성은 관측 가능한 세계가 근본적으로 확률적 성질을 가졌음을 과학자들에게 확인시켜주었다.

결국 루이 드브로이와 에르빈 슈뢰딩거는 파동(광파)인 동시에 입자(광자)인 빛의 이중성에서 출발해 파동을 모든 입자에 연결시키려는 생각을 가졌고, 그럼으로써 빛이건 물질이건 모든 개체에 파동-입자 이중성의 개념을 보편화시켰다.

빛은 또한 물질을 탐지하는 데도 유용하다. 원자가 방출하거나 흡수한 빛을 분석하면 원자가 있는 곳이 지구상이든 머나먼 우주의 오지든 그 원자의 에너지 준위를 결정할 수 있다. 빛은 매우 순수하고 사용하기 쉬우므로(이를테면 레이저나 광학기기에서) 거의 모든 양자물리학 실험장치에 반드시 필요하다. 관련된 물리계와 물리량들을 조정하거나 측정하고 준비시키기 위한 실험장치에 꼭 필요한 것이다. 또한 빛을 통해 중첩되고 얽힌 양자 상태를 쉽게 만들어낼 수 있으므로 빛은 **양자정보과학**과 **양자 순간이동** 분야의 핵심이다.

마지막으로 빛은 물질의 입자들 간 전자기적 상호작용을 전달하므로 '양자전기역학'이라 불리는 좀 더 보편적인 이론의 토대이기도 하다. 순수 에너지의 알갱이인 광자는 현재 양자물리학의 확장 가능성과 관련해 가장 기발한 생각을 시험하기 위한 모델이 되는 계이다.

2장

~

빛 그리고 빛의 두 얼굴

몇 가지 실험과 현상들을 통해 빛이 파동인 동시에 입자들이 모인 광자라는 빛의 근본적 이중성이 확인된다. 이러한 파동-입자 이중성은 양자물리학이라는 새로운 이론에서 잘 알려진 핵심적 표현이다.

20세기 이전에 존재했던 것 중 그 어떤 것도 그 토대의 심오하며 돌이킬 수 없는 혁명을 피해가지 못했다. 정치, 경제, 철학, 의학, 교육, 문학, 미술, 건축, 음악, 언어학, 수학, 물리학, 생물학 등 삶과 지식의 모든 영역에서 그러했다. 이들 각 분야의 지식, 기술, 가치 등은 20세기 전반부에 걸쳐 실로 급격하고 결정적인 변화를 겪었다. 이렇게 다양한 지적, 인간적 혁명의 공통적인 특징 중 하나는 흥미롭게도 양자물리학의 중요한 특징인 확실성의 붕괴와 밀접한 관련이 있다!

《 빛이 우리 시선에 모자란 것이 아니라 우리 시선에 빛이 없는 것이다. 》

귀스타브 티봉, 『빛 속에 우리의 시선은 없다』

우선 시간과 공간에 관해 그리고 물질과 물질의 안정성, 불변성과 위치 결정에 대해서까지도 확실성은 무너졌다. 빛에 관한 확실성 또한 붕괴되어 빛의 불가사의한 파동-입자 이중성은 알베르트 아인슈타인, 막스 플랑크Max Planck, 닐스 보어가 서명하게 될 양자물리학 탄생 증서의 '양피지'가 된다.

❀ 1900년, 하나로 규정할 수 없는 대전환점

세기말의 뚜렷한 취향과 미묘한 영향력 때문에 앞서 언급한 대부분의 혁명은 1900년을 그 시작점으로 선택했다.

예를 들어 수학에서는 다비트 힐베르트David Hilbert가 그해 8월 혁명을 촉발시켰다. 그는 혁명적인 '프로그램(방법론)'을 제공함과 동시에 수학의 기초와 구조에 관한 총체적 재검토를 초래할 23개의 문제를 제시했다(이 연구의 정점을 찍은 이는 1931년 수학자 쿠르트 괴델Kurt Gödel이다. 그는 자신의 유명한 불완전성 정리를 가지고 수학 전체의 내적 정합성을 붕괴시켰다).

예술 분야에서는 폴 세잔이 대수욕도를 그리고 안토니오 가우디가 바르셀로나에 카사 칼베트를 완공하는데, 이 아르누보 사조는 20세기에 들어서면서 비약적으로 발전한다. 구스타프 클림트는 관능적인 유디트를 생각하고, 아널드 쇤베르크Arnold Schönberg는 음계를 버리고, 엑토르 기마르Hector Guimard는 파리 지하철 역사의 아르누보식 출입구를 디자인한다. 1900년은 또한 파블로 피카소가 파리에서 처음으로 전시회를 연 해이기도 하다. 그는 마치 선언서를 발표하듯 당시 싹트고 있던 현대미술의 큐비즘적, 다다이즘적, 초현실주의적 혁명을 예고한다.

러디어드 키플링Rudyard Kipling의 명예는 절정에 이르고, 오스카 와일드는 죽고, 루이 암스트롱, 자크 프레베르, 앙투안 드 생텍쥐페리, 루이스 부뉴엘Luis Buñuel, 로베르 데스노스Robert Desnos 등이 태어난 그해에, 마술사 해리 후디니Harry Houdini는 유명해져 유럽의 여러 수도를 돌며 마술 투어를 한다!

철학에서는 프리드리히 니체가 죽고, 그의 죽음을 형이상학적으로 고찰한 버트런드 러셀은 실존주의와 분석철학의 세기를 연다. 또한 이해에는 에드문트 후설의 위대한 첫 저서가 출간되고, 카를 구스타프 융은 논문을 마치며, 지그문트 프로이트는 정신분석학이론을 다듬는다.

사회주의 운동가 로자 룩셈부르크Rosa Luxembourg, 언어철학자 레이디 웰비 빅토리아Lady Welby Victoria도 명성을 날리는데, 그것은 인도의 지적 향취에 빠져드는 새로운 세기가 열렸기 때문이다. 시인이자 아인슈타인의 친구인 라빈드라나트 타고르뿐 아니라 승려이자 철학자인 비베카난다Vivekananda는 힌두교와 베단타 철학을 서양에 알렸는데, 비베카난다는 수많은 유럽 과학자와 특히 슈뢰딩거에게 깊은 영향을 끼친다.

물리학에서는 영국의 켈빈 경이 1900년 4월 지금은 유명해진 한 강의에서 두 가지 중요한 문제를 공식적으로 발표하며 변혁을 불러왔다. 그것은 당시 **고전물리학**이 고민하고 있던 에테르의 존재와 우리가 앞으로 다룰 **흑체**에 관한 문제였다. 이 문제들은 결국 20세기 양대 이론인 상대성이론과 양자물리학을 탄생시킨다.

8개월이 지난 1900년 12월 막스 플랑크가 빛과 물질 간 에너지 교환의 양자화를 제시하면서 상황은 또 다른 국면으로 접어든다. 처음에 이 주장은 흑체라는 특수한 문제를 해결하기 위한 수학적 기교로 생각되었으나, 실은 양자물리학 안에 내포된 미래의 패러다임 변화의 싹을 은연중에 품고 있었다.

과학과 문화의 전환점이었던 1900년대 초는 또한 정치, 경제, 사회적으로 세계적인 부흥을 예고했으며 해방적인 만큼 끔찍한 시기이기도 했다. 빅토리아 여왕의 치세 말기는 아프리카의 성장기와 일치하며 이들 국가는 50년 후 식민지에서 독립을 이룬다. 그러나 이 시대에 여러모로 학대가 증가했다는 점은 분명하다.

파리 만국박람회 이후 남아프리카 공화국에서는 제2차 보어 전

쟁 중 최초로 제노사이드 시도가 있고, 이것은 당시 16억 인류에게 어두운 미래를 보여준다. 바로 이때 오스트리아에 살던 열세 살 중학생 에르빈은 다국어에 능통하고 연극에 빠져 지내며, 자신의 성이 장차 이 새로운 혁명적 물리학의 상징이 되리라는 걸 아직 모르고 있다. 이 새로운 물리학이란 무엇인가? 그것은 순식간에 우리를 감싸는 신비롭고 불가사의한 빛에서 출발해 모든 것이 파동인 동시에 입자라고 설명하는 이론이다.

🦂 빛은 파동인가?

19세기 말에는 모든 것 혹은 거의 모든 것이, 과학은 끝났고 완결되었으며 대자연의 주요 법칙은 이미 정리되었고 몇 가지 사소한 문제를 해결하는 일만 남았다는 믿음을 주었다. 1894년에 물리학자 앨버트 마이컬슨Albert A. Michelson은 과학의 미래는 소수점 여섯 자리까지 추구해야 하는 일이며 이것은 오로지 측정 도구와 계산의 정확성 개선에 의해서만 달성할 수 있을 것이라고 했다.

그러나 당시의 '사소한' 문제 중 두 개는 풀기 어려운 것처럼 보였다. 이 두 개의 유명한 작은 구름에 대해 켈빈 경은 1900년 8월 런던 왕립학회에 보고서를 제출한 바 있다. 하나는 에테르에 대한 지구의 상대적 운동에 관한 것이었는데, 당시 사람들은 미세한 가상의 연속 매질인 에테르가 ('세계를 지탱하기 위해') 공간을 채우고 있다고 생각했다.

또 다른 하나는 열과 에너지의 관계에 관한 것으로, 더 구체적으로는 고체가 에너지를 흡수하는 방식에 관한 것이었다. 이 문제를 비정상 비열 문제라 불렀다. 이것은 비열(어떤 물질 1kg의 온도를 1℃도 올리는 데 필요한 열량)이 온도에 따라 감소한다는 뜻이었는데, 비열이 일정하다는 당시의 고전 이론과 반대였다.

두 번째 '구름'은 항온 물체에 의한 빛의 방출과 관련 있었다. 이것을 흑체 문제라고 일컫는데, 상온의 물체는 가시광선을 방출하지 않아 우리 눈에 검게 보이기 때문이다(물론 빛의 파동이 눈에 보일 수는 없다. 비가시광선인 자외선에 노출되는 여름이면 우리 피부는 늘 이 점을 상기시켜준다)! 이 흑체 문제는 실험적으로 측정된 광파의 세기가 고전적 접근법으로 예측된 것과 일치하지 않는다는 점에서 비롯되었다.

그런데 이 두 가지 문제로부터 현대 물리학의 양대 축이 탄생한다. 이 두 가지 모두 1905년 아인슈타인이 쓴 일련의 천재적 논문에서 선언된다.

20세기경 빛은 파동으로 간주될 모든 이유를 갖고 있었다. 하지만 이전 세기의 일부 학자(그중에는 물리학자이자 철학자인 피에르 가상디 Pierre Gassendi, 르네 데카르트, 아이작 뉴턴이 포함된다)는 빛이 입자, 즉 먼 훗날 빛의 양자 혹은 광자라 부르게 될 매우 작은 빛에너지 알갱이들로 이뤄져 있을 수도 있다는 생각을 지지했다.

대단히 상대적인 과학의 종말

과학의 종말이라는 흥분된 선언이 주기적으로 특히 세기말이라는 시점을 선호해 되풀이된다는 것은 세기말적 증상이면서 흥미롭다. 그런데 20세기 말은 19세기 말에 비할 것이 못 된다. 19세기 말에는 '모든 것의 이론'이 곧 완성되리라는 점(물론 그렇지 않았다)이 매우 과장되게 선언되었기 때문이다.

그러나 볼테르적 시선으로 바라보면 바로 이 오만방자한 시기에 오히려 다양한 실험, 계산 혹은 관찰들이 성대한 건물을 무너뜨리거나 적어도 금 가게 했다는 점을 알 수 있다. 1900년 켈빈 경의 구름들과 마찬가지로 오늘날의 구름을 언급하자면 암흑 물질, 암흑 에너지, 고온 초전도, 생물에서의 이상 양자효과, 양자 측정 문제, 표준모형 상수들의 개수와 에너지 사막, 물질-반물질의 비대칭성, 시간 화살의 존재, 초고에너지 우주선cosmic ray의 근원 등이 있다. 이것들은 물론 수학적으로나 물리학적으로 철저히 양립 불가능하며 양자물리학과 일반상대성이론 사이에 존재한다.

이탈리아의 프란체스코 마리아 그리말디Francesco Maria Grimaldi와 네덜란드의 크리스티안 하위헌스Christiaan Huygens의 연구 이후 17세기 말이 되자 빛의 파동이론만이 빛의 간섭이라는 매우 기이한 물리현상을 만족스럽게 설명할 수 있다는 점이 분명해졌다.

여기서 말하는 간섭이란 사실 이 단어의 일반적 의미처럼 무언가를 방해한다는 의미와 전혀 상관없다. **간섭** 현상은 미세구조가 광파를 간섭하고 굴절하게 하는(회절이라고도 한다) 일상의 수많은 상황 속에도 존재한다. 아주 얇은 커튼을 통과한 빛이 보여주는 유색의 십자무늬, 비누나 기름의 얇은 막에 보이는 무지개, 그리고 CD 표면 위에 나타나는 무지갯빛 등이 그 예이다. 이러한 빛의 간섭 현상은 영의 슬릿 실험으로 대표되는 단순하면서도 상징적인 실험을 통해 시각적으로 완벽하게 설명된다.

쾌활하고 명석한 물리학자 리처드 파인먼은 이 실험에 대해 심지어 물리학에서 가장 아름다운 실험이라고 말했다. 그런데 최근 그의 이론을 계승한 아바타적 인물들이 시도할 수 있었던 시간과 공간에 대한 문제제기(5장 참조)를 고려하면 이 실험 역시 가장 골치 아프고 불가사의하다고 해도 과언이 아니다.

그런데 이 실험은 어이없을 정도로 단순하다. 슬릿(또는 구멍)을 두 개 뚫어놓은 불투명한 판에 빛을 비추고 슬릿 뒤 스크린에 나타나는 빛의 밝기를 관찰하면 된다.

슬릿이 하나면 스크린 위 빛의 밝기는 슬릿의 폭과 유사한 폭의 띠 모양으로 나타난다(슬릿의 폭을 좀 더 넓히면 회절 현상 때문에 슬릿을 통과한 광선 다발이 나팔 모양으로 벌어진다). 슬릿이 두 개라면 두 슬릿 정면에 두 개의 띠가 보일 것이라고 순진하게 기대할지도 모르겠다. 만일 두 슬릿의 폭이 아주 넓고 둘 사이의 거리가 꽤 멀면 그렇게 보일 것이다. 그러나 두 슬릿의 폭이 충분히 미세하고 둘의 거리가 매

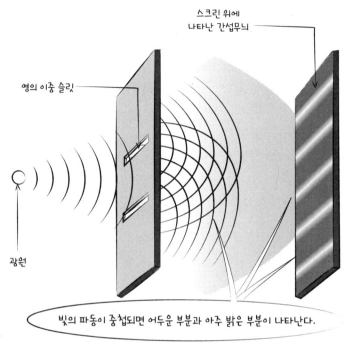

스크린 위에
나타난 간섭무늬

영의 이중 슬릿

광원

빛의 파동이 중첩되면 어두운 부분과 아주 밝은 부분이 나타난다.

영의 이중 슬릿 실험의 개요

우 가까우면 모든 것이 바뀌어버린다!

이 경우, 스크린 위 두 슬릿의 빛의 밝기가 중첩되는 영역에서 우리 눈에는 두 개의 빛의 띠가 아니라 어둡고 밝은 빛의 띠들이 아주 얇게 번갈아 이어져 보이는데, 이것은 피에르 술라주Pierre Soulages가 만든 프랑스 콩크 마을의 스테인드글라스와 비슷하다. 이 영역에서 빛의 밝기를 측정하면 이것이 주기적인 사인파를 보이는 것을 알 수 있는데, 밝은 띠들은 이 진동 그래프의 마루와 일치하고 어두운 띠들은 골과 일치한다.

곰곰이 생각해보면 이 실험에서 놀라운 점은 (밝은 띠들과 일치하는) 특정 부분에서 슬릿이 하나뿐일 때보다 빛의 양이 더 많았다는 것만이 아니다. 가장 당황스러운 점은 빛이 전혀 없는 부분이 존재한다는 것이다. 심지어 두 개의 중첩된 빛다발이 비추는 곳임에도 그러하다! 이처럼 빛에 빛을 더해도 어둠이 생길 수 있다. 그러므로 극작가 올리비에 피Olivier Py가 말하듯 "빛으로 검은 그림을 그리는" 사람이 시인만은 아니다. 어둠은 빛의 부정이 아닐 수도 있다.

그런데 이 해괴한 현상이 직관을 거스르는 것처럼 보인다면 그것은 우리가 빛을 파동으로 생각하는 습관을 갖지 못했기 때문일 것이다. 어두운 무늬들은 빛이 없어서 생긴 것이 아니라 오히려 두 개의 빛의 파동이 섬세하게 복합적으로 존재하며 이들이 서로 중첩되면서 상쇄되기 때문에 어둡다는 사실을 확인할 수 있다.

파동이란 무엇인가?

'파동'이라는 용어는 상당히 괴리되어 보이는 놀랍도록 다양한 현상들을 아우른다. 수면 위의 동그라미들, 해수면 위의 파도, 현의 진동, 음파, 충격파, 지진파, 광파, 그리고 열, 전류, 화학반응, 전염병, 도로교통의 정체, 소문, 생각 등의 전파에 관한 파동 등이 그 예이다.

이처럼 다양한 형태의 파동이 갖는 큰 특징은 물질을 통해서든 공간을 통해서든 언제나 정보의 전파를 동반한다는 점이다. 이 정보의 전이 혹은 에너지의 전이는 물질의 (뚜렷한) 이동 없이 이루어진다. 이것은 공간의 모든 지점에서 언제든지 정의할 수 있는 물리량, 즉 우리가 일반적으로 장이라 부르는 물리량의 진동 덕분이다.

이 물리량은 스칼라(숫자를 말한다. 예를 들면 일기예보의 기온도 및 기압도에 표기된 숫자) 혹은 벡터('화살표'로 표시되고 공간에서의 길이와 방향으로 정의된다. 예를 들면 나침반의 바늘이 알려주는 지자기의 경우), 텐서(중력파를 설명하기 위해 쓰인다)처럼 보다 추상적인 양을 말하는 것일 수 있다.

예를 들어 캠핑 의자에서 우리가 파도를 볼 때의 물리량은 주어진 지점에서의 수면 높이이다. 음파의 경우에는 분자들의 진동이 서서히 (음속으로) 물리적 매질을 통해 전달된다. 공기 중에서는 공기의 분자들이 진동하는 반면, 재료 안에서는 그것을 구성하는 원자들이 진동한다. 이때 원자들의 압력이나 운동이 파동을 정의하는 물리량으로 선택될 수 있다.

파도나 음파와 반대로 빛의 파동은 존재하기 위해, 공$_空$에서 전달되기 위해 매질이 필요하지 않다(그러므로 우주 공간에서 레이저 검은 끔찍하게도 영원히 침묵을 지킨다). 관련 물리량은 '전자기장'이라 불리는 벡터들의 장이다.

양자물리학에서 '확률파동' 개념은 주어진 장소에 한 물체(원자, 분자 등)가 존재할 가능성을 가리킨다. 이것이 스칼라 파동이다. 이때 공간의 각 점에 숫자 하나가 대응하는데, 이 숫자는 0에서 1까지 끊임없이 바뀌며 시간이 흐르면 경우에 따라 커질 수도 있다. 숫자가 1인 곳들에서 문제의 물체는 확실히(즉 100% 확률로) 발견된다. 마찬가지로 숫자가 0인 모든 곳에서도 확실성이 받아들여지긴 하지만 결론적으로 그곳에서 물체가 탐지될 수는 없다. 반면에 숫자가 0과 1 사이(예를 들어 0.59 또는 0.37)인 곳에서는 위치측정 결과가 확실치 않고 결과값도 우연히 얻어지며, 물체가 거기서 발견될 확률이 이 숫자와 같다(앞서 예의 경우 59% 또는 37%).

빛의 파동이 중첩되는 영역에 어두운 무늬가 존재한다는 놀라운 사실을 이해하기 위해 보다 직관적으로 알 수 있는 수면 위의 파동을 생각해보자.

조용한 수면에 돌을 던지면 동심원 무늬의 파동이 만들어진 뒤 충돌 부위에서 점점 멀어지며 파동이 약해진다. 하지만 주의할 점은 물이 앞으로 나아가지 않는다는 점이다. 물은 규칙적으로 위아래로 출렁이지만 파동이 전진하는 방향으로 움직이지는 않는다. 앞으로 나가며 향상되는 것은 정보(작은 조약돌은 큰 조약돌과 똑같은 파동을 만들지 않는다)와 에너지(더 멀리 도달한 찌는 파동의 마루와 골을 오르락내리락 하는 수면 높이의 리듬에 맞춰 올라갔다 내려갔다 할 것이다)의 혼합물이다.

물속에서 손이나 어떤 물체를 규칙적으로 흔들면 우리는 같은 종류의 파동을 만들 수 있는데, 이때 만들어지는 것은 지속진동이다. 정상파stationary wave에 관해 얘기해보자. 이 수면 높이의 파동은 진동 부위 근처에서는 원형이지만 거기서 멀어지면 바다의 파랑처럼 점점 더 반듯해진다(혹은 평평해진다).

이 경우 파동의 최대 수위를 진폭이라고 하는데, 이것은 파동의 마루와 골 사이 거리의 절반과 일치한다. 연이은 두 개의 마루 또는 두 개의 골 사이 거리를 '파장'이라고 하는데, 이것은 1회 진동하는 데 걸리는 시간인 주기 동안 파동이 이동한 거리이다. 주기의 역수를 파동의 '진동수'라고 하며, 이것은 주어진 지점에서 마루와 골 사이를 1초 동안 진동한 횟수이다. 따라서 진동수와 파장의 관계는 밀접하다. 진동수가 클수록 파장은 짧아지고 진동수가 적을수록 파장은 길어진다.

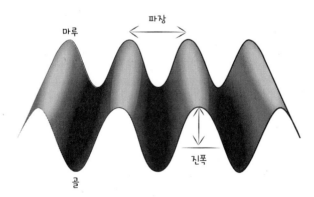

파동의 주요소

작은 구멍이 뚫린 고정된 칸막이에 평평한 파동이 만나면 파동의 일부는 구멍을 통과해 칸막이의 반대쪽 면에서 반원형의 파동으로 바뀐다(이것은 구멍에 의한 회절 현상 때문이다). 칸막이에 구멍이 두 개 있다면 두 개의 파동이 구멍에서 나와 이 둘이 만나는 지점에서 중첩된다. 어떤 지점에서는 한 파동의 마루가 또 다른 파동의 마루와 만날 수 있고 그러면 두 배로 큰 마루가 형성된다.

또 다른 지점에서는 골들이 서로 겹쳐지며 증폭되는데, 이 두 가

파동들이 두 개의 구멍에 충돌해 나오면서 반원형 무늬로 바뀌고 조금씩 서로 겹친다.

구멍에서 멀어지며 진동의 배와 마디가 안정적이고 규칙적인 형태로 이어지는데 이것을 간섭무늬라고 한다.

간섭무늬

지 경우를 '진동의 배'라고 설명한다. 바로 이런 지점들에서 중첩되는 두 개의 파동은 위상이 같다고 한다. 반면 마루가 골과 만나는 지점에서는 수면 높이의 차이가 상쇄되어 물이 움직이지 않는 것처럼 보이는데, 이때를 파동들의 위상이 반대라고 하며 '진동의 마디'라 부른다.

이렇게 진동의 배와 마디들로 만들어진 격자를 '간섭무늬'라고 하며, 칸막이에 난 두 개의 구멍은 앞서 영이 빛의 파동을 가지고 했던 실험에서 두 슬릿 역할을 한다. 두 구멍에서 나온 반원형의 파동은 배가 되는 지점들에 보강 간섭하고, 마디가 되는 지점들에 상쇄 간섭했다고 말한다. 수면 높이의 배와 마디는 각각 영이 광파를 가지고 했던 이중 슬릿 실험에 나타난 밝은 무늬와 어두운 무늬에 대응된다.

그런데 빛이 파동이라면 이 파동은 어떤 성질을 지녔을까? 다시 말해 빛의 경우에는 무엇이 물의 높이 역할을 할까? 그 답은 1865년 스코틀랜드의 물리학자 제임스 클러크 맥스웰James Clerk Maxwell이 부분적으로 제시했다. 그의 영향력과 후계자들의 연구는 유명한 뉴턴의 『자연 철학의 수학적 원리Principia Mathematica』나 1905년 아인슈타인의 상대성에 관한 혁명적 연구들에 전혀 뒤지지 않는다.

맥스웰은 기나긴 논문에서 참으로 어려운 일을 해냈다. 그는 마이클 패러데이Michael Faraday의 연구를 완성해 정리했는데, 그때까지 명확하게 구분된 두 개의 현상으로 간주되었던 전기와 자기가 '전자기'라는 한 가지 현상의 두 측면으로 인식될 수 있음을 보여주었다. 그리고 자신이 도출한 4개의 방정식을 통해 '전자기파'로 불리는 새로운 형태의 파동이 존재함을 예측했다. 전자기파는 전기장과 자기장의 역동적 결합의 결과물이며 빛과 같이 엄청난 속력(30만 km/s)으로 전파된다.

결국 그는 빛이라는 것이 다름 아닌 전자기파의 매우 특수한 경우임을 보여주었다. 전자기파의 파장 값은 가시광의 보라색 파장인 0.4μm(마이크로미터)와 빨간색 파장인 0.7μm 사이에서 극소한 간격을 보인다.

✿ 아인슈타인의 점묘법적 세계

빛은 파동의 모든 특성을 지니고 있으므로 파동이라 할 수 있다. 다른 모든 파동과 마찬가지로 공간과 시간 속에서 끊임없이 뻗어나가며 빛에너지는 상상할 수 있는 모든 값을 선험적으로 취할 수 있다. 1905년 빛에너지의 양자화에 관한 아인슈타인의 혁명적 사고가 있기까지, 세계 과학자들의 생각도 그러했다. 그러나 아인슈타인의 혁명적 사고는 앞으로 우리가 양자물리학이라 부르게 될 경이로운 지적 모험의 진정한 출발점이 된다.

흔히 언급되듯 아인슈타인의 천재성은 기술적 혹은 수학적 성과보다는 주어진 문제를 보는 관점을 바꾸는 데 있다. 아인슈타인은 겉보기에 해결 불가능한 문제를 만났을 때 그 문제를 만들어낸 사고 체계에서 벗어날 수 있는 보기 드문 능력을 가진 사람에 속한다. 흔히 말하듯 천재적인 발견은 단순한 생각들의 도가니에서 탄생한다.

여기서 말하는 양자화, 즉 빛은 앞으로 광자라 부르게 될 빛에너지의 작은 알갱이들(혹은 콴타)로 이루어져 있을 거라는 사실에 관해, 아인슈타인의 혁명적인 생각은 쉽게 말하자면 '달걀이 우박을 맞으면 깨지지만 눈을 맞으면 깨지지 않는다'는 비유와 같다! 이 수수께끼 같은 현상으로 인해 아인슈타인은 콴타라는 개념을 도입했고, 그 덕분에 1921년 노벨상을 받았다. 이런 현상을 '광전효과'라고 부른다.

원리는 이렇다. 우리가 어떤 표면에서 전자들을 뽑아내려 한다고 생각해보자. 이를테면 아연의 표면이라고 하자. 우리는 영리한 선택을 했다. 아연 같은 금속 표면을 고름으로써 일이 간단해졌으니 말이다. 아연 속의 전자는 다른 금속 표면에서보다 훨씬 이동도가 높고 뽑아내기가 쉽다(금속이 전기와 열을 잘 전달하는 것도 바로 이런 이유 때문이다).

이 표면을 가열해 전자들의 수프를 '끓어오르게' 만들 생각도 당연히 할 수 있지만, 우리에게 다음의 두 가지 기능을 가진 단순한 램프만 있다고 가정해보자.

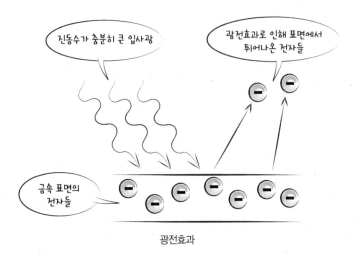

광전효과

이 램프는 매우 강한 세기의 붉은빛을 내거나 아주 약한 보랏빛을 낸다. 우리의 목표가 최대치의 전자를 뽑아내는 것이라면 어떤 색을 골라야 할까? 금속 표면을 더 많이 달굴 것을 고려하면 강한 붉은빛일까? 이것은 뜨거워지기는 하지만 기다린다고 해도 소용없다. 실망스럽게도 전자는 전혀 튀어나오지 않는다. 반면 조금 약한 보랏빛은 표면이 차갑긴 하지만 전자 몇 개가 바로 튀어나오는 것을 볼 수 있다!

전자들이 튀어나온 것은 꽤 당혹스러운 일이다. 물론 우리는 보랏빛 파장이 붉은빛 파장의 절반으로 짧기 때문에 보랏빛의 진동수는 두 배 더 크고, 따라서 보랏빛이 두 배 더 빨리 진동한다고 주장할 수 있다.

인공망막과 달의 먼지

광전효과의 주된 적용법은 명백하다. 빛에너지를 전류로 바꾸는 것이다! 광전지와 광다이오드, 광전자 증배관, 열 카메라와 디지털카메라의 CCD 센서와 CMOS 센서 등이 그 예이다. 매우 약해서 하나의 광자만을 포함하는 광파를 감지하는 기술이 최근 인공망막 생산의 길을 열어주었다. 한마디로 생명공학의 쾌거이다!

모든 일에는 음양이 존재하듯 빛에 노출된 물질은 전기적으로 중성일 수 없고 점차 양전기를 띤다. 지속적으로 전자를 잃기 때문이다. 태양 빛에 노출된 인공위성의 경우 이 현상은 신속하게 문제를 일으켜 위성에 부착된 전자기기들을 훼손시킬 수 있다. 한 가지 해결방법은 백금 같은 소재로 위성을 완전히 감싸는 것이다. 이렇게 하면 입사된 빛과 양립할 수 없는 광전 한계를 갖게 된다. 광전효과에 의해 물질 표면이 양전기를 띠는 현상은 달의 표면에서도 볼 수 있다. 달 표면에는 정전기적 척력의 효과로 얇은 먼지 층이 계속해서 떠 있는데, 이것은 먼지 알갱이들과 빛 알갱이들이 황홀한 춤을 춘다는 증거이다.

그런데 전자 방출 효과를 만든 것이 가장 약한 파동이라는 점을 앞선 주장이 정당화시킬 수 있을까? 만일 빛이 파동이기만 하다면 이것은 전혀 이해할 수 없는 일이다. 이는 마치 진폭이 아주 작은 수면 위의 동그라미가 때로는 배의 조그만 귀퉁이를 뜯어낼 수 있다거나, 낚싯줄에 달려 떠 있는 찌를 뛰어오르게 할 수 있다는 말이나 매한가지이다. 그런데 이곳에 파장이 긴 강력한 풍랑이 몰려올 때는 아무런 피해도 없다는 말인 것이다!

그런데 빛에 의한 전자 방출과 파장의 아리송한 관계 덕분에 아인슈타인은 1905년 이 문제를 밝혀낼 수 있었다. 그에 따르면 모든 빛은 입자성을 지니며, 이 입자들(에너지 알갱이 혹은 광자)이 전자와 충돌한 후 전자들에 자신의 에너지를 주어 전자들을 튀어나오게 할 수 있다. 각 광자의 에너지는 방사되는 빛의 진동수에 비례하므로, 붉은빛 광자들보다 보랏빛 광자들의 에너지가 더 크다.

이렇게 금속 표면에 빛을 비추면 광자들이 마치 당구공들이 부딪치는 것처럼 전자들과 부딪치며 자신의 에너지를 전자에 전달해 전자들이 표면에서 튕겨나오도록 한다. 이것은 마치 전자(달걀)가 광자(우박알)와 부딪치면 깨지지만 광파(눈)가 스쳐가면 끄떡없는 것과 같다고 할 수 있다. 그러므로 직관과 반대로 광파의 세기가 아닌 파장이 광전자의 방출을 결정하며, 한계 파장은 해당 금속의 특성이 된다.

🐚 검은빛과 플랑크 상수

프랑스의 시인 크리스티앙 보뱅Christian Bobin이 "갓난아이의 눈물처럼 순결한 소금 알갱이"라고 했듯, 각각의 광자는 순수한 에너지이다. 전자기적 성질을 띤 이 에너지의 값 E는 해당 광파의 진동수 f와 비례한다. $E = h \times f$.

빛의 파동-입자 이중성을 설명하는, 아인슈타인이 사용한 이 관계식은 진정으로 세계에 대한 점묘화적이며 양자적인 시선을 열어주었다. 이 세계에서는 '콴타'라고 불리는 $h \times f$인 에너지 알갱이들이 진동수 f인 모든 파동적 현상과 연결될 수 있다. 비례 상수 h는 이른바 플랑크 상수이며 양자물리학의 상징 그 자체이다. 플랑크 상수라고 불리는 이유는 1900년 빛과 물질의 상호작용을 연구하며 이 상수를 도입한 독일의 물리학자 플랑크를 기리기 위함이다.

플랑크 상수 h는 에너지에 기간을 곱한 값과 같은데 과학 용어로는 작용(힘과는 다르다. 힘은 에너지 나누기 시간)과 같다. 표준단위로 표현하면 이 작용의 값 h는 $0.000 \cdots 0663 \mathrm{J} \cdot \mathrm{s}$와 같고 중간의 점들은 그 안에 0이 29개 더 있다는 뜻이다!

이렇게 미세한 작용양자와 비교했을 때 우리 일상 속의 수많은 현상과 운동들을 특징짓는 작용은 거대하다! 이 현상들은 양자효과에 기인하거나 양자효과로 제어되는 것이 아니라는 뜻이다. 예를 들어 우리가 이동할 때의 특징적 작용은 h보다 수십억의 수십억의 수십억의 수십억(휴우!)배 더 크다. 그러나 미세한 꽃가루 알갱이의 아라베스크 무늬와 일치하는 특징적 작용은 h보다 수십억의 10억 배 더 클 뿐이다!

모든 이론에는 고유의 상수가 있다

물리학의 각 기초 이론은 특수한 하나의 수와 관련지을 수 있다. 이 수를 '상수'라고 부른다. 이것은 해당 이론의 고유한 것으로, 어찌 보면 서명과도 같다.

예를 들어 아인슈타인의 상대성이론에는 공에서 빛의 속력인 초속 30만km와 같은 상수 c가 있다. 마찬가지로 뉴턴의 중력이론에는 중력 상수 G가 있으며, 통계물리학에는 미시적 특성(원자들의 운동)과 거시적 현상(열, 압력, 엔트로피 등) 간의 관계에 토대를 두는 저 유명한 볼츠만 상수 k가 있다.

다시 말해, 수학 공식에서 어떤 물리 상수가 나올 때마다 이 상수는 이것과 연관된 이론을 가리킨다는 점을 바로 알 수 있다. 그러니 양자물리학의 각 공식이나 해답에 상수 h가 나타나리라는 것은 당연히 예상되는 일이다.

알아채기 어렵지만 우리 주변에는 셀 수 없이 많은 양자효과가 존재한다. 심지어 우리 주변의 모든 것이 양자적이라고 말할 수 있다! 우리부터 그렇다. 앞으로 살펴보겠지만 원자들의 크기와 물질의 안정성은 플랑크 상수값에 직접적으로 의존하기 때문에, h 값이 아주 조금 적으면 물질의 붕괴이고 h 값이 아주 조금 더 크면 폭발이다.

예를 들어 h 값이 절반인 우주가 있다고 가정하자. 거기서는 우리가 벽난로의 불을 지켜보는 단순한 일도 불가능할 것이다. 왜냐하면 벽난로에서 나오는 강렬한 열방사 때문에 우리 몸이 즉시 타버릴 것이기 때문이다! 이 특수한 복사를 '흑체 복사'라고 부른다. 막스 플랑크는 1900년에 이것에 관해 부분적 증명을 한 공으로 1918년 노벨상을 수상한다.

사실 '흑체'라는 개념은 그 명칭에도 불구하고 어떤 색깔을 의미하지 않으며 오히려 이 물체의 빛 흡수와 반사 속성을 가리킨다. 정의상 흑체는 완벽한 반거울anti-mirror로 인식된다. 빛을 전혀 반사하지 않고 전부 흡수하기 때문이다.

입사되는 모든 방사를 흡수하고 물체 자체의 고유한 방사만 방출하는데 물체의 온도가 일정하다고 가정할 때 온도가 색을 결정한다. 제련업자와 도예가들은 수천 년 전부터 이 효과에 관해 잘 알고 있었다. 이들은 자신들이 다루는 물체의 색깔을 물체의 온도와 연결 짓는 법을 알고 있다.

그러므로 흑체가 반드시 검을 필요는 없다. 만일 검게 보인다면 평범한 인간들의 눈에 그렇게 보일 뿐이다. 예를 들어 상온의 물체가 적외선 방사를 해 우리 눈에 검게 보이지만, 태양 같은 별들은 가시광선 방사의 최대치를 가지고 있다. 태양이 우리에게 안겨주는 노란 흑체 방사 덕분에 지구는(온실효과로 인해) 생명체에 쾌적한 표면 평균기온을 가질 수 있다. 마찬가지로 밤이 되면 태양이 지구로 보낸 적외선 덕분에 해가 져도 우리는 얼어붙지 않는다.

어떤 흑체들은 심지어 상업적, 군사적, 혹은 예술적으로 탐나는

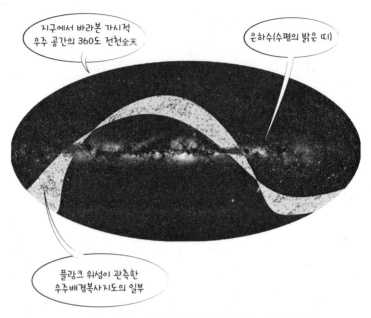

우주배경복사지도와 지구에서 본 가시적 우주지도 겹쳐보기

물건이 되기도 한다. 탄소나노튜브로 만들어진 슈퍼흑체 신소재가 그렇다. 가시광선 범위에서 이 소재의 흡수율은 100%에 가깝다. 따라서 거의 완벽한 흑체이다.

머나먼 옛날부터 우리 모두를 밝게 비추는 태양처럼 저 유명한 우주배경복사도 흑체복사이다.

관측 가능한 우주 어디에나 존재하는 이 열복사는 바로 빅뱅 초기 단계 중 하나에서 비롯된다. 빅뱅은 시간과 공간의 근원이며 빅뱅에서 비롯된 모든 에너지 물질의 근원이라고 생각되는 최초의 특이점이다.

우주배경복사의 강도에 관한 정밀지도 제작은 이미 무수한 첨단 우주 임무의 목표가 되었고, '플랑크PLANCK'라는 명칭의 최근 임무는 관측 가능한 우주 형성의 가능한 시나리오들이 무엇인지 더욱 자세히 이해할 수 있게 해주었다.

3장

~

양자도약과 확실성의 종말

빛과 마찬가지로 원자의 에너지도 양자화되어 있다. 원자에너지의 준위 간 양자도약의 우연성은 양자물리학의 첫 번째 수학 공식을 탄생시켰다. 이것은 숫자들로 이뤄진 무한한 표의 형태여서 과학자들을 혼란에 빠뜨렸다.

도대체 빛은 파동인가, 아니면 광자들의 집합인가? 아르헨티나 태생 시인 안토니오 포르치아Antonio Porchia는 "모든 것이 조금은 어둡다. 빛조차도"라고 썼다. 빛은 파동인 동시에 입자성을 띰으로써 그 안에 해결할 수 없는 당혹스러운 모순을 지니고 있는 듯하다. 로마 신 야누스처럼 빛은 두 얼굴을 가지고 있다. 이 점에 관해 양자물리학 출현 전의 물리학, 즉 고전물리학은 전혀 설명할 수 없다.

그런데 에너지의 양자화와 파동-입자 이중성은 빛의 전유물이

《 진정한 창의성은 종종 언어가 끝난 바로 그 지점에서 시작된다. **》**

아서 케스틀러,
『0과 무한대Le Zéro et l'Infini』

아니다. 물질이란 그 안에 헤아릴 수 없는 신비와 반직관적인 특성을 가지고 있으며 그중 두 가지는 빛의 입자성과 직접적으로 관련되는데, 그것은 바로 원자에너지의 **양자화**와 **양자도약** 개념이다.

원자에너지 준위 간의 이 당혹스러운 양자도약에서 양자물리학의 또 다른 기본 특성인 관찰된 물리 현상들의 '우연성' 개념이 발생한다. 이것은 측정도구의 정확성과 별도로 실험적 관찰에서 불가피한 우연이 존재한다는 뜻이다. 이처럼 양자 세계에서 어떤 측정 또는 실험의 결과는 보통 확실히 예측 가능한 것이 아니라 그럴 가능성이 있는 정도이다!

🦀 에너지 점묘법과 양자도약

역사적으로 원자의 에너지 양자화는 빛의 경우와 같은 길을 거쳐왔다. 빛과 물질 간 에너지 교환의 양자화를 먼저 인식했고, 다음으로 에너지 자체가 양자화된다는 점, 다시 말해 원자의 특정 에너지만 허용되고 각각의 원자나 분자는 허용된 단 하나의 에너지 준위 리스트를 가지고 있다는 점을 점진적으로 이해하게 되었다. 매우 특수한 에너지 리스트('스펙트럼'이라고도 한다)는 보편적인 바코드 역할을 함으로써 원자가 우주 어디에 있든 일방적으로 확실히 찾아낼 수 있게 해준다.

이 원자의 에너지 점묘법을 탐색하는 가장 효과적인 방법 중 하나는 빛-물질 상호작용을 이용하는 것이다. 이때 쓰는 '분광학'이라는 선도 기술은 물체가 방출하는 광파의 주파수('분광선'이라고 한다)를 기록하고 연구하는 것이다. 이 특정한 빛의 주파수는 이 물체 안에 있는 원자들의 에너지 준위와 직접적으로 통신하는데, 그로부터 이 에너지의 리스트를 얻을 수 있다.

분광학은 원자들의 다양한 형태(멘델레예프의 원소 주기율표에 나타난다)를 발견하는 데 지대한 역할을 했을 뿐 아니라, 특히 현대 천문학의 비약적 발전을 이끌었다. 우주에서 오는 빛을 분석하고 이 빛의 우주 바코드를 지구에서 알려진 바코드와 비교하면 외계 행성들의 대기와 별들의 구조 및 구성, 그리고 은하들이 멀어지는 속도와 은하들의 형태를 매우 정확하게 결정할 수 있다. 일반적으로 현재의 모든 우주생성론을 해석하고 토대를 세울 수 있다.

원자 하나마다 하나의 광자가 흡수-방출되는 기본 과정이 일어날 때 양자도약이 발생한다. 이 경우 광자의 에너지는 원자의 두 에너지준위의 에너지 간격과 일치해야 한다. 마치 계단을 오르는 선승禪僧이 자신의 보폭을 조절하듯, 너무 크지도 너무 작지도 않게 말이다.

그런데 이게 전부가 아니다. 원자가 어떤 준위에서 또 다른 준위

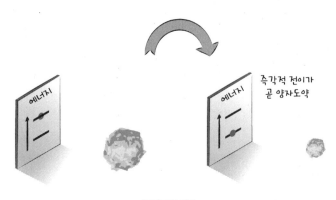

양자도약 개요

로 옮겨가려면 순식간에 이뤄져야 한다! (무엇이 되었든) 가상의 중간적인 에너지 준위 중 하나를 거치지 않고 말이다.

방해되지 않는다면 앞서 말한 선승의 발걸음이 양자적인 순간을 상상해보라. 이 경우 그가 발을 계단에 올려놓는 행위 자체가 계단을 즉시 오르게 하는 행동이다! 그러므로 양자도약은 도약 자체의 지속적인 과정 없이 고전적 도약의 처음과 마지막 단계만을 포함한다. 물질의 에너지 풍경 속 '벽을 뚫는 남자'[1]인 것이다. 경유 기간 없이 바로 이동하는 것이며 시간 밖으로의 도약이다.

이와 같은 양자도약 시 운동량의 보존 덕분에 우리는 '복사압' 혹은 '방사압'으로 알려진 매우 중요한 물리 효과의 원리를 이해할 수 있다.

---

1   1996년 파리에서 초연된 프랑스 뮤지컬.

광자는 실재하는가?

과학계가 광자라는 개념의 물리적 실재를 받아들이기까지 오랜 시일이 걸렸다. 1905년 아인슈타인이 광전효과를 설명하기 위해 광자 개념을 전제한 이후 이것은 하나의 이미지 혹은 단순한 계산 기법으로서 싸늘한 시선을 받았다. 광자는 당시의 관점으로 매우 성가신 특성을 하나 가지고 있었다. 그것은 20세기 초에 알려진 다른 입자들과 반대로 질량이 없다는 점이었다!

아인슈타인도 여러 해 동안 연구한 후에야 광자의 입자적 특성이 어떤 것들지 이해했다. 그리고 1916년이 되어서야 $p = h/\lambda$임을 발표했다. 이 수식에서 운동량 p는 해당 광파의 파장 λ에 따라 결정된다.

운동량은 움직이는 사물의 관성에 대해 알려주는 물리량이다. 이를테면 충돌 시 운동량 보존 덕분에 우리가 당구나 페탕크[2]에서 "카로!"라고 외칠 수 있으며, 이때 공의 속력은 같은 질량을 가진 또 다른 공으로 전부 전달된다. 로켓의 추진력을 담당하는 것도 운동량이다. 우주비행사들은 이것을 끊임없이 사용해 무중력 상태에서 이동한다(물질이나 기체를 뒤로 방출하면 앞으로 나간다).

플랑크와 보어를 포함한 많은 물리학자가 아인슈타인 관계식의 진실성과 이른바 빛의 알갱이라는 것의 실재 자체를 의심했다. 회

---

2 쇠로 된 공을 교대로 굴리면서 표적을 맞히는 프랑스 남부 지방의 놀이. 이기고 있던 이의 공이 상대의 공에 맞아 밀려나면 상대는 "카로carreau(장군)!"라 외치고 이긴다.

의론자 중 로버트 밀리컨Robert Millikan은 1910년에 아주 작은 지름 방울로 전하의 양자화를 증명한 것으로 유명하다. 그는 아인슈타인이 사용한 $E = h \times f$를 실험으로 확인하기 위해 나섰으나 결국 1916년 이 관계식이 잘 입증된 것임을 마지못해 인정했다. 또 다른 관계식 $p = h/\lambda$는 우주선cosmic ray의 아버지 아서 콤프턴Arthur Compton에 의해 1920년대 초 성공적으로 확인되었다. 그는 전자에 의한 X 광자의 산란, 즉 진동수의 변화를 동반한 이탈을 실험적으로 연구했다.

광자들의 상관성에 관해 1970~1980년대 실시된 실험에 연관되어 있는 이 유명한 콤프턴 효과는 물질적으로 구현되지 않는 순수 에너지의 알갱이인 광자의 실재와 관련한 마지막 의구심에 종지부를 찍었다.

원자가 광자를 흡수할 때 원자는 사실 광자의 운동량까지 흡수해 이 광자를 입사 광자가 산란되는 방향으로 밀어낸다. 마찬가지로 광자가 거울 혹은 반사가 잘되는 어떤 다른 표면에 의해 반사될 때 거울은 광자 운동량의 두 배를 획득한다. 거울에 의한 광자의 흡수 그리고 뒤이어 광자를 재방출하기 때문이다.

혜성의 꼬리 방향(태양과 반대 방향) 태양풍의 원인이자, 형성 중인 은하들과 먼지로 이뤄진 성간운들이 몽환적인 형태를 만들어내는 이유이기도 한 복사압은 태양 돛 우주 계획의 핵심에 있다. 이 태양광 우주선의 추진력은 매우 특별한 바람이 보증하는데, 그것은 다름 아닌 광자풍이다!

누가 알겠는가, 언젠가 우리가 이런 미래의 제트기를 타고 화성이나 해왕성에 갈 수 있을지!

☙ 아인슈타인의 짓궂은 확률

양자도약은 즉각성으로 인해 우리의 고전적 사고를 뒤흔들고, 물리 현상의 시간적 연속성이라는 뉴턴의 신성한 법칙을 깨뜨린다. 그리고 또 다른 놀라운 점을 감추고 있는데, 그것은 양자도약이 예측 불가능한 순간에 제멋대로, 완전히 우연적으로 일어난다는 점이다. 예를 들어 두 개의 원자가 정확히 같은 방식으로 준비되어 있다고(즉 에너지가 같고 알려진 다른 미시적 특성들도 전부 같다고) 할 때, 이들이 광자 하나를 방출한다면 그것은 선험적으로 같은 순간에 일어나지 않을 것이다. 이 순간은(그리고 광자 방출 방향도) 사실 온전히 우연적이다.

이 당혹스러운 현상의 이해를 도운 사람은 이번에도 아인슈타인이었다. 1916년 위대한 일반상대성이론의 최종 버전을 발표했을 때, 그는 원자에 의한 광자의 흡수 및 방출 확률이라는 혁명적인 개념을 도입했다. 그 개념이 혁명적이었던 이유는 그가 이 개념을 제시할 때 주장한 실험적으로 확인된 우연성은 고전 세계에서 늘 관찰되던 우연성(주사위를 던지거나 제비뽑기를 하는 경우)과 같지 않았기 때문이다. 그는 양자 세계의 우연성, 즉 원자와 광자 세계의 우연성은 내재된 것이라고 주장했다. 자체에 내재된 우연성은 연구 대상인 물리계系에 대한 무지의 결과가 아니며 어떠한 사전적 조치를 통해서도 제거될 수 없다.

아인슈타인은 이 점을 이용해 또 다른 형태의 방출 과정으로 '유도방출'을 제시했는데, 유도방출이 일어나면 광자는 (일종의 흡수 방지로서) 같은 형태의 광자가 있을 때 공감 혹은 공명을 통해 방출된다. 이 세 번째 과정인 유도방출은 쓸모가 대단히 많을 것이다. 광섬유를 통한 원거리통신에서부터 레이저 유도장치, 위성 간 전송, 모든 의료 및 산업용 절제술切除術, 그리고 DVD 플레이어에 이르기까지 우리의 일상 어디에나 존재하는 레이저 효과의 기초가 될 것이기 때문이다.

아인슈타인에 따르면 각 원자의 스펙트럼에, 다시 말해 원자의 에너지 준위 간에 가능한 전이들의 집합에 하나의 확률 리스트가 대응되는데, 이 확률 리스트는 광자의 흡수 및 방출에 관해 알려진 세 가지 과정(흡수, 자발방출, 유도방출)을 특징짓는다. 이후 아인슈타인 계수로 부르게 될 이 확률들은 분광학에서 실험적으로 관찰된 광선의 세기에 관한 정보도 제공한다. 원자에너지 준위의 각 쌍에 관련된 확률은 무한수여서 이것 전체를 다루거나 대표하여 나타내기란 쉽지 않다.

우주의 짓궂음, 신은 주사위 놀이를 잘 하는 것 같아!

아이러니하게도 빛-물질 상호작용을 묘사할 때 우연성이라는 개념 자체를 처음으로 도입한 사람은 아인슈타인이었다. 이후 그는 양자적 우연성이라는 내재적인 기본 특성을 거부한 사람 중 하나이며, 신은 주사위 놀이를 할 수 없다고 확신하고 있었다. 심지어 자신이 선구자 중 하나인, 아니 가장 탁월한 선구자인 양자물리학의 확률적 법칙들의 타당성마저 의심했다. 친구인 슈뢰딩거도 같은 아이러니를 보였다. 아인슈타인은 그와 함께 이 수수께끼 같은 면을 내포한 새로운 물리학에서 발견 가능한 오류들에 관해 지속적으로 토론했다.

그러나 헛수고였다. 적어도 오늘날까지는 말이다.

당시 아인슈타인은 각 원자의 다양한 전이 확률을 숫자들의 표 형태로 다시 정리하려고 했다. 체스판과 조금 비슷하게 2중 분할표로 만들되 크기는 무한하게 말이다. 이 특수한 체스판 위에는 A5 혹은 C7 같은 칸이 아니라 '101 ; 95' 혹은 '77 ; 79' 같은 형태의 칸들이 있는데, 두 숫자는 광자의 전이를 통해 관련되는 원자의 준위들을 가리킨다. 표는 또한 이 전이에 관련된 광자의 빛 주파수에 관한 정보도 알려준다. 예를 들면 진동수 $f_{101 ; 95} = (E_{101} - E_{95})/h$와 $f_{77 ; 79} = (E_{79} - E_{77})/h$이다.

이처럼 어마어마한(사실 무한한) 크기의 숫자표 안에는 원자가 광자들을 흡수하거나 방출하는 방법에 관련된 모든 정보가 정리되어 있다. 즉 양자도약에 허용된 주파수들과 양자도약의 발생 확률이 포함되어 있다. 마지막으로 잘 살펴보면 아인슈타인이 1916년에 도입한 그 표는 당시 원자들에 대해 알 수 있었던 모든 것을 보여준다. 이 표는 실험으로 측정되는 '모든 것'을 나타내며, 모든 이론이나 사상과 별개로 관찰자의 관점에서 본 원자들이 '무엇인지' 진지하게 표현한다.

원자를 보는 이러한 방식은 젊은 베르너 하이젠베르크가 오늘날 양자물리학 최초의 수학 공식으로 간주되는 것에 대해 연구하도록 이끈 실마리가 되었다.

이것을 읽지 마시오!

양자 이전의 방법론들이 있다. 다시 말해 완전히 양자적이지도 완전히 고전적이지도 않으며, 원자들의 물리적 구조와 에너지 양자도약을 설명하려 시도하는 여러 가지 기이한 레시피 같은 방법론을 말한다. 이를테면 보어-조머펠트의 유명한 모형에서 원자의 구조는 원형이나 타원형 궤도들의 집합체로 상정되었으며, 이 원자의 전자들은 이 궤도를 따라서 돌다 튕겨나갈 것으로 생각되었다. 시각적으로 단순하고 믿음직한 이 원자 모형은 행성계처럼 고안되어 원자핵은 태양의 역할, 전자들은 행성의 역할이라 가정한 것으로, 매우 실용적이고 오늘날까지 여전히 광범위하게 사용되고 교육된다. 그러나 이 모형은 완전히 잘못된 것이다!

그렇다면 왜 이런 얘기를 하는가? 이 잘못된 모형을 뇌리에서 몰아낸다는 건 이전에 그것을 이미 시각화한 것이 틀림없다. 그러므로 이것을 언급하면 그만큼 이것을 우리 뇌에 각인시킬 강력한 기회가 된다.

부정이 우리 뇌에서 작동하는 방식은 이런 것 같다. 예를 들어 어떤 아이에게 "뛰지 마!"라고 말하는 것은 바라는 바의 반대 결과를 초래할 충분한 기회가 된다. 그럼에도 언급할 가치가 있다. 원자는 핵-전자들의 조그만 행성계와 그 어떤 점에서도 닮지 않았다는 것을 인식하는 게 정말 중요하니까!

오늘날 미시적 관측 결과에 가장 가까운 이미지는 매우 작은 중심부에 (전혀 구형이 아닌) 이상한 모양의 핵이 있고, 그 주변으로 뿌옇게 보이는 영역이 돌며 움직이는데, 그것은 일종의 전자구름이며 그 안에서는 전자들이 우연히 발견된다. 이 구름은 흐릿한 층들(이것을 '오비탈'이라고 한다)로 이루어져 있고, 그 안에서 전자 하나를 발견할 확률은 구름이 짙을수록 더 높다.

시각화한다는 게 썩 간단한 일은 아니지 않을까? 그러나 무엇을 더 바라겠는가. 포르투갈의 작가 페르난두 페소아Fernando Pessoa도 이렇게 말했다. "들과 강을 보려면 창문을 여는 것으로는 족하지 않다. 나무와 꽃들을 보려면 눈멀지 않은 것으로는 부족한 것처럼 말이다."

🏵 하이젠베르크의 무한한 표에 관하여

저명한 닐스 보어의 지도 아래 코펜하겐에서 연구하던 독일의 물리학자 베르너 하이젠베르크는 스물세 살의 젊은 나이에 아인슈타인의 접근법을 측정 가능한(양자물리학의 언어로는 '관찰 가능한') 모든 수량에까지 일반화시킨다. 그는 우선 숫자들의 표 형태인 '아인슈타인 식' 설명이 에너지에 국한되지 않고 위치나 속도 같은 모든 물리량으로 확대될 수 있음을 이해한다. 다음으로 그는 이 무한한 표를 어떻게 다룰 것인가, 정확한 법칙에 따라 표들을 어떻게 곱하고 그리하여 같은 형태의 또 다른 숫자 표들을 어떤 방법으로 얻을 수 있을지 이해한다.

수학 언어로 이런 숫자의 표들을 행렬(라틴어 '마트릭스matrix'는 어머니를 뜻하는 단어 '마테르mater'에서 비롯되었다)이라고 하는데, 이것을 최초로 사용했던 곳은 기원전 2세기의 중국으로 알려져 있다. 행렬은 교환법칙이 성립하지 않는 독특한 성질을 갖고 있다. 다시 말해 행렬 A에 행렬 B를 곱한 값은 행렬 B에 행렬 A를 곱한 값과 같지 않다. 일반적인 수에서 일어나는 일(예를 들면 $7 \times 3 = 3 \times 7$)과 반대로 곱하는 순서가 중요하다. 즉 $A \times B$는 $B \times A$와 같지 않다!

교환법칙이 성립하지 않는 행렬의 특성이 하이젠베르크 시대에 잘 알려져 있었다고 하지만 그것은 수학자들에게나 그러했다! 이를테면 연립방정식을 쉽게 풀기 위해서라든지 수들의 집합 여러 개를 더하는 손쉬운 기법으로 행렬을 사용했을 것이다. 새로운 수학 개념의 경우 흔히 그러하듯, 수학자들이 그 개념들을 최고도로 숙달한 뒤에야 겨우 양자물리학에서 '반드시 필요한' 경우 사용법을 이해하게 된다. 한 가지 예를 들면 휘어진 공간(그 원형적 예는 구이다)의 경우도 마찬가지였다. 수학자 게오르크 리만Georg Riemann과 니콜라이 로바쳅스키Nikolai Lobachevsky가 이것을 19세기에 연구했고, 그 후 아인슈타인과 힐베르트는 20세기 초에야 이 휜 공간의 역할이 일반상대성이론을 표현하는 데 매우 중요함을 이해했다.

하이젠베르크는 결국 수학적 위업을 세웠지만 그가 착수한 계획은 무모했다(그는 쥐르댕 씨[3]처럼 행렬이 무엇인지도 모르고 행렬의 주요 특성들을 다시 증명했다). 숫자들로 이뤄진 이 추상적 표를 가지고, 원자 수준에서 관찰된 물리적 특성들을 설명하는 이론을 만든다는 게 가능할까?

그럼에도 불구하고 청년 하이젠베르크는 그 일을 해냈다. 그는 1925년 여름, '행렬역학'이라 불리는 새로운 역학의 기초를 세웠다. 그리고 이 행렬역학 덕분에 그와 그의 코펜하겐 동료인 막스 보른Max Born, 파스쿠알 요르단Pascual Jordan은 수소 원자(원자 중에서 가장 단순하다!)의 계 또는 진동자, 즉 평형 위치를 중심으로 움직이는 물리계(예를 들어 용수철에 연결된 물체가 작은 진동을 하듯)처럼 단순한 원

자계의 에너지 준위에 관한 아인슈타인과 보어의 결과를 재확인했다.

과학사의 전설이나 소설 같은 일화랄까, 하이젠베르크는 저서 『부분과 전체Der Teil und das Ganze』에서 그가 이 역학을 발견한 뜻밖의 사정을 언급한다. 그는 북해에 위치한 독일의 작은 섬 헬골란트(옛 작센어로 '성스러운 땅'이라는 뜻)로 들어가 바닷바람을 쐬며 심각한 건초열을 치료하고자 했다. 바다의 침묵과 무한함은 그의 수학적 문제들을 해결해주었고 그가 원자의 과정을 연구하는 데 이 기이한 숫자표의 역할이 무엇인지 뇌리에 떠오르도록 이끌어주었다.

당시 하이젠베르크는 자신의 발견이 가진 철학적 의미 앞에서 불안과 현기증을 느꼈다고 고백한다. 원자의 점묘화적이고 확률적인 특성을 표현하기 위해 새로운 언어가 필요한가? 하지만 이 언어는 일반적인 물리학 언어에서 아주 동떨어지고 추상적이지 않은가? 나의 설명은 숫자들의 무한한 표 형태로 관찰 가능한 물리량들을 불연속적으로 묘사한 반면, **고전물리학**(특수 및 일반상대성이론 포함)에서는 모든 것을 시공간 속에서 끊임없이 변화하는 물리량들(이를테면 위치와 속도 같은 물리량처럼)로 표현하는데, 우리를 둘러싸고 있는 공간은 3차원, 즉 무한 차원의 시각화할 수 없는 추상적 공간이 아니다!

그런데 오늘날 양자물리학을 연구하는 학생들과 연구자들은 거의 매일 이 고도로 수학적인 언어를 다룬다. 1925년의 하이젠베르크와 달리 우리는 양자물리학의 이 특수한 형식을 어떻게 위치와 속도라는 통상적 개념들을 사용한 형식과 연계시킬 수 있는지 알고 있다. 그리고 이 점에서 우리는 에르빈 슈뢰딩거와 그가 1925년 말에 만든 저 유명한 방정식에 의존하고 있다.

새로운 언어의 필요성

양자물리학과 그 특수한 논리를 표현하기 위해 어떤 언어를 사용해야 하는가? 거의 한 세기 동안 과학계의 가장 위대한 과학자이자 철학자들은 이 질문을 끊임없이 제기해왔다.

양자물리학의 언어(예를 들어 무한행렬에 관해서는 하이젠베르크의 형식에 따른 언어 또는 앞으로 살펴볼 **파동함수**라는 언어)는 통상적인 고전물리학의 언어와 뚜렷하게 구분되지만, 그래도 고전적인 구개념들을 계속해서 사용한다. 비록 고전물리학 언어의 타당성과 그 존재 자체까지 반박하긴 하지만 말이다. 예를 들어 위치와 속도라는 고전 개념들은 양자물리학 원리들에 따르면 이 물리량들이 측정되는 매우 특정한 순간 이외에는 그 실재를 모두 잃어버린다. 그럼에도 불구하고 양자물리학의 여러 표현식에서 이들이 측정 가능하지 않다고 말하면서도 가장 빈번하게 이들을 지속적으로 사용한다. 또한 순전히 실질적인 관점에서 보았을 때 더 가관인 것은 우리가 현재 행하는 거의 모든 측정이 결국 위치와 속도라는 것이다!

이런 모순에 어떻게 대처할 것인가? 관찰된 세계를 정확하게 표현할 만한 타당성이 없다고 비판받는 언어를 어떻게 넘어설 것인가? 이것은 슈뢰딩거가 오랫동안 관심을 가졌던 문제지만, 그 해답은 언제나 당대의 관심사가 아니었다.

4장

~

모든 것은 확률파동일 뿐이다

루이 드브로이의 연구에서 영감을 받은 에르빈 슈뢰딩거는 양자물리학의 수학 공식을 하나 만들었는데, 그 공식에서는 모든 물체가 파동으로 묘사된다. 그러나 슈뢰딩거방정식의 해인 이 파동은 실재하지 않는다. 이것은 추상적인 수학 세계에 존재하는 파동이며 확률의 파동이고 게다가 복잡하다.

파동-입자 이중성의 관점에서 동일한 하나의 물체는 완전히 다른 두 가지 방식으로 인식되고 묘사될 수 있는데, 양자물리학 자체도 다양한 형식을 취해 수학적으로 표현될 수 있다. 이미 앞 장에서 간단히 살펴보았듯이 하이젠베르크, 보른, 요르단의 무한행렬 형식은 매우 추상적이긴 하지만 원자 수준에서의 관찰 및 측정을 설명하기에 특히 뛰어난 것으로 알려져 있다.

《 당신과 나는 모두 우주와 함께 계속되고 있으며 파동은 망망대해와 함께 계속되고 있다. 》

앨런 와츠, 『의식의 성질The nature of consciousness』

이 발견으로 하이젠베르크는 1933년 노벨 물리학상(그러나 실은 1932년으로 산정된다)을 수상하지만 보른과 요르단에게 커다란 죄책감을 느낀다. 괴팅겐 대학교의 이 두 동료는 정치적인 이유로 노벨상을 공동수상하지 못했는데, 이런 일은 관례적으로 있어왔다. 그런데 이 일은 1933년 초에 예견되었던 듯하다. 요르단이 곧 독일국가주의사회당에 가입하기 때문이다. 노벨위원회는 당시 요르단에게 노벨상을 주는 것이 더는 가능하지 않다고 판단했고, 보른은 그의 연구가 요르단의 연구와 불가분의 관계였기에 나란히 희생자가 되고 말았다.

그러나 보른은 1954년에 노벨 물리학상을 수상한다. 그가 하이젠베르크, 요르단과 함께 정립을 도운 행렬 공식에 어떤 헌신을 해서가 아니라 양자물리학의 또 다른 중요한 공식의 해석에 결정적으로 기여한 덕분이었다. 그 공식은 슈뢰딩거가 1926년 주창했으며 Ψ(프사이) 함수를 주로 다룬다. 이 불가사의한 프사이 함수는 프랑스의 한 귀족이 두 해 전에 예견한, 마찬가지로 불가사의한 물질파를 설명하는 함수이다.

🦀 드브로이가 물질파를 밝혀내다

하이젠베르크의 행렬 형식은 너무 추상적이어서 당대 과학자들을 충격에 빠뜨렸다. 그들은 여전히 빛의(광자 형태로) 양자화로 인한 충격에서 완전히 회복하지 못했고, 관측 가능한 모든 물리량에 대한 양자화를 수용할 준비가 되어 있지 않았으며, 공식적인 형식화 자체에 대해서는 더 받아들이기 힘들었다. 그러나 이제 막 탄생한 양자물리학에 대한 지속적인 설명이 활발히 이루어졌고 누구나 그 설명을 기대했다. 그중에서도 당시 상대성이론으로 명성을 드높이고 있던 아인슈타인은 물리 현상들을 (그가 말한 그대로 쓰자면) 위험하고 불연속적으로 (행렬의 형태로) 설명하는 이론을 위해 속도와 위치라는 통상적인 개념을 버리겠다고 생각할 수 없었다.

그때 새로운 배우가 무대에 등장해 더욱 그럴 필요가 없어졌다. 서른두 살의 프랑스 귀족으로 고귀한 혈통(조상 중에는 루이 16세 때의 재무대신 네케르와 그의 딸이자 당대에 나폴레옹 1세를 떨게 했던 마담 드 스탈이 있다)의 자손인 이 인물은, 프랑스어 비사용자는 발음할 수도 없는 성을 가진 루이 드브로이Louis de Broglie였다.

드브로이가 1924년 논문에서 주장한 바에 따르면, 빛의 파동인 광파가 빛의 입자인 광자와 관련되어 있는 것처럼 물질파도 원자, 전자뿐 아니라 일반적으로 어떤 양이든 상관없는(같은 이유로 역시 물질인 우리까지 포함하는) 물질의 입자와 연관되어 있음이 분명하다.

1922년 아로사, 슈뢰딩거가 놓쳐버린 창립 문서

슈뢰딩거는 드브로이보다 먼저 물질파를 발견할 뻔했다. 이 발견이 불발된 장소는 스위스 알프스산맥의 다보스 근처에 있는 아로사 온천마을이다. 운명의 장난일까. 작가 토마스 만(아인슈타인의 친구이자 이곳을 대단히 좋아한 또 다른 인물)의 말에 따르면 이 '마의 산'은 이후 슈뢰딩거의 경력에서 결정적인 역할을 한다. 1922년 초 결핵에 걸린 슈뢰딩거는 부인 안네와 함께 이곳에서 9개월간 보내며 요양했고, 건강 상태가 좋지 않은 데도 불구하고 몇 개의 과학논문을 완성했다. 특히 그중 하나는 슈뢰딩거가 직접 만든 양자물리학 창립 문서가 될 수도 있었을 것이다.

이 짧은 논문에서 슈뢰딩거는 원자 속의 전자들이 '정상파', 즉 악기(바이올린의 현이나 플루트의 공기 기둥)에서 볼 수 있는 파동과 유사한 수학적 조건을 반드시 만족해야 한다는 점을 보여주었다. 그는 당시 무언가 심오한 것을 발견했다는 느낌을 표했으나, 한 걸음 더 나아가 전자들이 정말로 파동성을 가진다고 결론 내릴 힘이나 직관은 가지지 못했다. 우주의 장난인지 드브로이는 1929년 노벨 물리학상을 받았고, 같은 해 토마스 만은 노벨 문학상을 수상했다.

이렇게 드브로이는 파동-입자 이중성을 빛에너지든 물질에너지든 상관없이 모든 에너지양에 적용되도록 확장시킨다. 그는 빛의 파장에 따른 광자의 운동량을 설명하는 아인슈타인의 두 번째 관계식을 '거꾸로' 취해 이렇게 설명한다. 운동량 p인 물질은 어떤 양이든 하나의 파동과 반드시 연계되는데 이 파동의 파장 λ(람다, 진동에서 연속되는 두 개의 마루 혹은 두 개의 골 사이의 거리)는 다음과 같다.

$$\lambda_{dB} = \frac{h}{p}$$

아인슈타인의 열렬한 환영을 받은 이 관계식은 단순한 만큼 혁명적인 의미를 내포하고 있으며 오래지 않아 실험으로 확인되었다. 3년 후인 1927년, 미국의 클린턴 데이비슨Clinton Davisson과 레스터 거머Lester Germer는 니켈 결정을 통해 전자를 회절시키는 데 성공함으로써 물질의 입자(이 경우에는 전자)가 파동성을 보일 수 있다는 점을 입증했다. 그들은 또한 관찰된 파동 현상의 파장을 측정해 그것을 이 금속 표면에 입사시킨 전자들의 운동량과 비교함으로써 드브로이의 관계식을 정확히 입증할 수 있었다. 물질파의 물리학이 탄생한 것이다!

이후 입자들의 간섭과 회절에 관한 다양한 실험이 이뤄졌다. 전자, 중성자, 여러 종류의 원자, 분자들과 심지어 최근에는 매우 큰 분자들로도 실험이 이뤄졌다. 여러분의 생각과 반대로 이 분야의 연구는 간단치 않으며 중요한 철학적·산업적 목적으로 추진되고 있다!

예를 들어 전자와 중성자(전하를 띠지 않는 입자로, 원자 질량의 대략 절반을 차지한다)의 회절 현상은 신속하게 고해상도 현미경 기술로 변모되었다. 사실 현미경의 해상도 크기 비교 능력, 다시 말해 식별될 수 있는 가장 작은 물체의 크기 순서를 정하는 것은 사용된 파동(일반 광학현미경에서는 광파)의 파장이다. 그러므로 빛을 사용하면 가시광선 내에서 수백 나노미터의 해상도를, X선으로는 몇 나노미터(1나노미터는 10억 분의 1미터와 같으며 작은 원자 하나의 크기이다)의 해상도를 얻는다. 전자를 사용하면 드브로이의 파장은 피코미터까지 작아질 수 있는데, 피코미터(1000분의 1나노미터)는 원자 하나의 1000분의 1 크기이다.

사용되는 것이 원자일 때 관건은 더 이상 현미경 검사가 아니라 계측학이다. 다시 말해 초정밀하고 극도로 안정적인 측정 도구를 만드는 것이다. 널리 알려진 물질파 간섭계는 영의 이중 슬릿 원리를 일반화한 것으로, 때로는 원자시계(지구 기준시를 제공하기 위한 용도로서 GPS 형태 항법 시스템의 핵심) 역할로, 때로는 가속도계나 중력계(미세한 가속을 측정하고 토양 개발 목적으로 지구중력장 지도를 제작하기 위한) 역할로 사용된다.

분자의 경우는 주된 관심사가 전혀 다르다. 관건은 덩어리진 물체가 그 크기와 복잡성에도 불구하고 어느 정도까지 파동성을 보존하는지 시험하는 것이다. 2013년 빈 대학에서 이런 형태의 실험을 했는데, 이때 사용된 분자들은 원자 800개 이상으로 이뤄져 총질량이 수소 원자 1만 개 이상의 질량과 같았다. 그렇지만 간섭 현상은 매우 잘 관찰되었다!

이 연구에 숨겨져 있는 문제는 중대하고도 흥미롭다. 그것은 바로 이 불가사의한 양자 세계와 고전적 세계(일상적이고 직관적인 우리의 세계로, 이곳에는 물질의 가시적인 파동성이 존재하지 않는다)의 경계가 어디에 숨어 있는지 발견하는 것이다. 이 실험들이 우리에게 유익한 점은 두 세계 사이를 탐사하는 것이며, 작가 앙드레 지드가 말했듯 회색 진실의 영역에 빠져드는 것이다. 이 회색 진실 영역에는 언젠가 생명체들(바이러스 혹은 더 나은 것을 예로 들면 박테리아)을 가지고 간섭을 구현할 수 있을까와 같은 질문처럼 해답은 알 수 없으나 불경스러우면서도 즐거운 상상 속 질문들이 가득하다.

언젠가 생명체를 가지고 간섭을 일으키게 할 수 있다면 생명은 어떤 방향으로 향할까?

🐚 파동은 맞다, 그런데 확률의 파동이다!

영의 상징적인 슬릿 실험을 다시 살펴보자. 그런데 이번에는 2장에서처럼 광자가 아니라 이를테면 원자 같은 물질의 입자들, 즉 슬릿 두 개가 뚫린 판 위로 쏘아 보낸 입자들을 가지고 살펴본다. 실험으로 확인된 것은 빛의 간섭무늬와 매우 유사하다. 슬릿을 통과한 후 스크린 위에 일련의 밝은 무늬(원자가 많다)와 어두운 무늬(원자가 아주 적거나 없다)가 나타난다.

그렇다면 이 원자들에 파동적인 무언가가 있을 텐데, 그게 무엇일까? 이것은 파도 속의 물 분자 같은 집합적 현상인가? 원자들이 슬릿을 통과하면서 자신들이 어떤 모양을 이룰지 알아보려고 조금씩 정보를 수집해보는 그런 집합적 현상인가? 아니다! 실험에 따르면 이 가정은 유효하지 않다. 원자들을 하나씩 슬릿으로 쏘아보자. 그런데 원자들끼리 어떠한 정보교환도 할 수 없도록 충분한 시간 간격을 두고 하나씩 보내야 한다. 그리고 스크린에 충돌하는 지점들을 기록해보자.

이때 스크린의 거의 모든 부위에 우연적 충돌이 관찰된다. 이 충돌들은 처음에는 완전히 예측 불가능해 보이지만 원자를 아주 많이 보내면 규칙적인 간격의 흐릿한 무늬를 이룬다. 이때 고전적인 파동의 간섭무늬를 볼 수 있는데 이것은 우연히 얻어진 각 점이 모여 간섭무늬가 명확한 형태를 이루는 것과 다르다. 그러므로 이것은 집합적 파동 현상의 결과가 아니고 집합적 현상만큼이나 이상하지만 개별적 파동 현상의 결과이다.

빛을 가지고도 같은 현상을 얻어낼 수 있다. 빛의 세기를 최대한 줄여 한 번에 단 하나의 광자만 방출되고 이 광자가 홀로 두 슬릿 영역을 통과할 수 있도록 한다면 말이다. 일단 이 영역을 통과하면 광자들은 스크린에 부딪힐 때까지 제멋대로 퍼져나간다. 광자가 수십 개라면 점들로 이뤄진 이 작은 구름에 관해 무엇이라 말할 수 없겠지만 수백 개라면 밝고 어두운 띠의 형태로 배열되어 있다고 짐작할 수 있고, 다음으로 광자가 수천 개라면 이 밝고 어두운 무늬가 확실

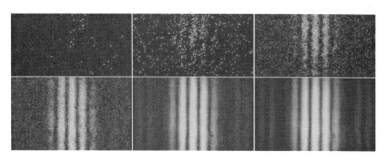

점진적인 간섭무늬 형성

히 뚜렷해진다. 놀랄 것도 없이 이 밝고 어두운 무늬는 조도가 센 광원을 통해 얻은 무늬와 일치하며 그러기 위해 수십억의 수십억 배 넘는(심지어 그보다 훨씬 더 많은) 광자들이 동시에 두 슬릿을 통과한 후 스크린에 충돌하는 것이다.

그러므로 파동은 입자의 질량이 (광자처럼) 없거나 (전자, 중성자, 원자, 분자처럼) 있거나 상관없이 모든 종류의 입자와 연관될 수 있다. 광자의 경우 파동이 첫눈에 식별하기 쉬워 보일지라도(전자기파는 물론 그렇다. 그런데 앞으로 살펴보겠지만 이것은 조금 성급한 판단이다) 물질의 경우는 완전히 다르다.

그렇다면 물질의 입자와 관련된 이 파동은 도대체 무엇인가? 실제로 존재하는가? 구체적인가? 눈에 보이는가? 아니면 반대로 순수한 추상적 개념이어서 일반적인 우리의 시공간과 완전히 구별된 수학적 공간에 존재하는가? 이 경우 우리가 사는 물리적 세계에서 측정할 수 있는 효과들을 가지기 위해 이 파동은 어떻게 행동하는가?

물질파는 실제로 존재하는가?

어떤 원자와 관련된 물질파가 물리적 실재를 갖고 있다면, 다시 말해 이 파동이 정말로 원자라면 우리는 이 파동의 일부, 즉 원자의 여러 조각 중 일부를 분리해 관찰할 수 있을 것이다. 하지만 실험에 따르면 그렇지 않다! 사실 이 주장은 조심스럽게 언급해야 한다. 왜냐하면 이 주장은 원자가 단 하나일 때 기본적 수준에서만 진실이기 때문이다.

우리가 사는 실제 세계에서 사람들은 물질파를 만들어낼 줄 안다. 수백만 개의 원자를 포함하는 가간섭성coherent 물질파를 만들 수 있는데 이것은 레이저라는 이름으로 알려진 가간섭성 광파와 유사하다.

1924~1925년에 이것을 예견하고 묘사했던 두 물리학자를 기려 이 물리 현상을 '보스-아인슈타인 응축'이라고 부른다. 그리고 '보손'이라는 용어는 인도의 물리학자 사티엔드라 나스 보스Satyendra Nath Bose를 기려 물리학자 디랙이 만들어냈다.

원자의 응축 상태에서 모든 원자는 똑같은 개별적 양자파동을 통해 묘사되며, 그럼으로써 집합적인(간섭성이 크다는 뜻의 coherent라는 용어가 여기서 비롯된다) 양자 초超파동을 만든다. 이때 이 원자의 파동은 고전적 파동의 일반적인 물리적 특성을 일부 보여주는데, 이것은 적어도 오늘날 물질파의 실질적 해석이 가능한 바로 이 경우에만 그러하다.

또 다른 문제는 이렇다. 똑같은 방식으로 준비된 별개의 두 입자는 스크린의 같은 지점에서 충돌하지 않으며 스크린 위 충돌 횟수가 아주 많이 누적될 경우에만 간섭무늬가 관찰된다. 그러므로 어떤 입자가 어두운 무늬보다 밝은 무늬 쪽을 향하려면 스크린의 어디와 충돌해야 하는지 어떻게 알 수 있을까? 이 경우 이 입자가 다른 입자들(이것보다 먼저 충돌한 입자들)과 이 문제에 관해 정보를 교환할 수 없었음을 알고 있다면, 자신이 어떤 다른 무늬보다 밝은 무늬 쪽으로 가야 한다는 것을 어떻게 알 수 있을까?

이 복잡한 문제들의 주된 해답은 1925~1926년 슈뢰딩거가 밝혀냈다. 그리고 이 해답에 살을 붙인 것은 하이젠베르크, 보른 그리고 특히 피할 수 없이 어디에나 등장하는 아인슈타인 등이었다. 이처럼 여러 학자의 사고로부터 그 유명한 Ψ 파동의 해석이 등장했다. 이것은 슈뢰딩거가 제안했으며 드브로이가 1923년에 끌어올리기 시작한 '큰 돛'을 내릴 수 있게 해주었다.

이러한 연구와 사고의 결과는 놀랍다! 물질의 입자와 관련된 파동은 우리가 알아온 고전적 파동과 완전히 다르다. 이것은 실제 존재하는 구체적인 파동이 아니라 추상적인 파동으로 우리의 공간과 다른, 3차원 이상이 될 수도 있는 가상의 수학적 공간에 존재한다.

그런데 놀라움은 여기서 끝나지 않는다. 이것이 뜻하는 바가 더욱 당혹스럽기 때문이다. 이 파동은 우리에게 존재하는 이 입자가 무엇인지와 입자의 특성, 즉 입자를 특징지을 수 있는 (위치, 속도, 에너지 같은) 물리량들의 값에 관한 정보를 주지 않는다. 이 파동은 오로지 어떤 값이 나타날 확률, 특히 입자의 위치를 측정할 때 주어진 장소에 서 그것을 발견할 확률이 얼마인가에 대해서만 알려줄 뿐이다.

터널효과, 공간 없는 공간

입자의 파동성과 관련해 가장 주목할 만한 효과 중에 **터널효과**가 있다. 이것은 실제 적용 사례가 엄청 많다. 이 유명한 효과의 원리 는 간단하고 어떤 형태의 파동에도 유효하다. 어떤 파동을 벽으로 보낼 때 이 벽이 아주 얇다면 파동의 일부는 벽을 통과할 수 있다. 음파의 경우 명백하지만 평범하다고 할 수 있는 이 현상이 '입자' 와 관련된 파동일 때는 훨씬 복잡해진다! 예를 들어 매우 약한 광 파일 경우엔 하나 또는 몇 개의 광자가, 물질파의 경우엔 여러 개 의 전자, 원자 또는 분자가 여기에 해당한다.

광자의 경우 벽은 이를테면 단순한 유리판만 있어도 되는 반면, 물질의 입자일 경우에는 보다 일반적으로 에너지 장벽에 관련된 다. 이 장벽은 전혀 미스터리하지 않으며 그저 문제의 입자들에 작용하는 힘(전기적 혹은 자기적 힘)을 알려줄 뿐이다. 예를 들어 광 전효과에서 금속 표면의 전자는 전자기력에 의해 해당 금속과 에 너지가 연결되어 있어 이 전자를 뽑아내고 싶다면(예를 들어 광자와 전자의 충돌을 통해) 장벽을 통과해야 한다.

고전적 파동에서 일어나는 현상과 반대로 여기서 나타나는 것은 얇은 벽에 충돌해 둘로 쪼개지는 입자가 아니라 이 입자의 존재 확률이다! 이 입자는 벽을 통과할 특정 확률을 갖고 있다. 벽이 얇을수록 확률은 더 커지며 이 점은 아주 미세한 방식으로(사실 어마어마하게) 그러하다. 예를 들어 아주 뾰족한 송곳을 표면에 갖다 대면 송곳과 표면이 가까울수록 터널효과에 의해 더 많은 전자를 뽑아낼 수 있으며 그에 따라 표면의 윤곽을 그릴 수 있다. 바로 이것이 터널효과를 이용한 현미경의 원리이다.

또 다른 주요 적용 분야는 터널효과를 기반으로 하는 다이오드와 반도체 원리에 의한 전기와 원자핵 내의 터널효과를 통해 설명되는 핵분열과 핵융합에 의한 원자력이다.

그런데 주의할 점이 있다. 터널이란 용어가 착각을 일으킬 수 있기 때문이다! 에너지 장벽을 통과한 입자가 고전적인 물리적 터널을 통해, 즉 전형적으로 광속보다 훨씬 느린 속력으로 이 효과를 만든다고 생각할 수 있다. 하지만 그렇지 않다. 입자들이 터널효과를 통해 장벽을 통과하는 것은 거의 즉각적으로 이뤄진다! 마치 입자들이 한 장소에서 다른 장소로 어떤 중간 지점도 거치지 않고 점프하듯이 모든 게 일어난다. 비물질화에 이어 장벽의 반대편에서 즉각적인 재물질화가 일어나는 것이다. 마치 장벽의 두께가 사라진 것처럼, 터널의 입구와 출구가 즉시 연결된 것처럼 말이다. 이러한 이동은 공간이라는 우리의 일상적 개념을 파괴하며 공간 밖에서 일어난다.

다시 말하자면 슈뢰딩거가 1926년 도입한 Ψ 파동(사실상 파동함수라 칭한다)은 '확률파동'이다. 이것은 있는 것이 아니라 있을 수도 있는 것을 말해준다. 이것은 가능한 것들, 일어날 수 있는 것들에 관해 우리에게 알려줄 뿐이지 있는 것에 관해 말하지 않는다!

그러므로 영의 슬릿 실험에서 정확히 같은 방식(따라서 같은 확률파동 Ψ로 설명되는)으로 준비해 슬릿에 입사시킨 두 개의 똑같은 원자는 스크린의 같은 지점에 충돌하지 않을 것이다. 이것들은 우연적으로 그리고 우선적으로 확률파동이 더 강하게 나타날 지점에 충돌할 것이다. 그리고 원자의 충돌 횟수가 무수히 많을 때만 확률파동이 스크린 위에 물리적으로 나타날 것이며, 그 파동의 세기도 우리 눈에 보이도록 실제 세계에 드러날 것이다.

🌸 군주의 예복, 슈뢰딩거방정식

드브로이에 따르면 물질은 그 양에 관계없이 파동성을 가지며 이것은 "모든 것이 파동이다"라는 말로 요약될 수 있다. 아인슈타인과 하이젠베르크의 연구와 일치하도록 덧붙여 말하자면, 미시 세계는 우연에 의해 지배되는 것처럼 보인다. 그러므로 이들에 따르면 모든 것은 확률일 뿐이다. 슈뢰딩거가 제시한 바는 얼핏 보아도 상충되어 보이는 실재에 대한 두 가지 묘사 간의 연결고리이다.

그는 흔히 그리스 문자 Ψ로 표시하는 **파동함수**라는 개념을 도입했으며 이것이 어떻게 물질의 파동적 효과를 설명할 수 있는지 보여준다. 슈뢰딩거 이후 모든 것은 파동이나 확률이 아니라 '확률파동'이다!

이 같은 이중 속성은 기이하고 낯선 원자와 광자의 세계에만 적용되는 것이 아니다. 양자물리학에서는 가장 작은 것에서부터 가장 큰 것에 이르기까지 모든 물체가 특수한 하나의 파동함수로 묘사된다. 어떤 물체나 입자들의 집합체도 마찬가지이다. 예를 들어 분자, 세포, 바위, 식물, 인간 또한 그렇고 모든 종류의 동물, 그리고 태양계와 우리 은하, 심지어 우주 전체까지 그러하다. 그러므로 파동-입자 이중성은 보기보다 섬세하고 무엇보다 보편적이다.

그러나 슈뢰딩거가 이룩한 것은 드브로이가 각각의 대상에 존재한다고 생각했던 파동이 의미하는 바를 이해했다는 점만이 아니다. 그는 파동의 성질과 수학적 특성, 그리고 파동이 시간 속에 변화하는 방식을 규정함으로써 파동에 생명력을 부여했다.

우선 앞서 설명했듯 이 파동은 물질적이지 않으며 우리의 일상 속 물리적 공간에 속하지 않는다. 이 파동은 '짜임새 공간configuration space'이라 불리는 추상적인 수학적 공간에서 정의된다. 하나의 입자나 물체의 경우 이 공간은 우리가 매일 살고 움직이는 3차원 공간과 정확히 닮아 있다. 반면 상호작용하는 여러 물체를 묘사하는 순간부터, 전체 파동함수가 정의되는 짜임새 공간의 차원은 고려되는 물체들의 수와 정비례한다. 예를 들어 입자가 둘인 경우 파동함수가 정의되는 공간은 6차원(2×3)을 갖는다! 입자가 3개면 9차원, 4개면 12차원이다.

입자가 아주 많을 경우 슈뢰딩거의 파동방정식이 왜 당대 일부 과학자의 근심과 조심성을 유발했는지 쉽게 알 수 있다. 당시 과학자들은 그런 수학적 도구를 다뤄야 한다는 점에 익숙하지 않았고 하이젠베르크의 행렬역학에 요구되는 어마어마한 수학적 기법에 이미 상당히 동요하고 있었다. 이렇게 증가하는 공간의 특성(이 이론의 아주 많은 부분을 차지한다)이 바로 양자물리학에서 가장 골치 아프고 가장 풍부한 효과로 간주되는 얽힘(6장 참조) 현상의 원인이다.

매력적인 허수

복소수는 16세기 이탈리아의 수학자 니콜로 타르탈리아Niccoló Tartaglia와 지롤라모 카르다노Girolamo Cardano가 다른 방법으로는 풀 수 없는 방정식을 풀기 위해 도입한 추상적 수이다. 이것은 'a + i ×b' 형태로 표시하는데, 이때 'a'와 'b'는 실수이고 'i'는 허수虛數라 불리는 추상적 수이다. 허수인 이유는 이 허수가 어떠한 실수로도 구현할 수 없는 'i ×i = −1'이라는 특성을 입증해주기 때문이다.

복소수는 방정식을 풀 때 사용될 뿐 아니라 파동이 등장하는 모든 과학 분야에서 중요한 역할을 한다. 복소수를 사용하면 파동들을 아주 간단히 표현할 수 있고 실수로 표현하는 것보다 수학적으로 훨씬 더 쉽게 파동을 다룰 수 있다. 그런데 고전적 파동을 설명할 때 반드시 복소수를 사용해야 하는 것은 아니다. 실용적인 이유로 이러한 수학적 표현방식을 택할 수 있는 것이다.

다른 이론들과 근본적으로 다르게 양자물리학의 다양한 형식에 고유하게 쓰이는 것이 복소수이다. 양자물리학의 방정식들(이를테면 슈뢰딩거방정식)에는 복소수가 명시적으로 나타난다. 주의할 점이 있다. 양자물리학에서 복소수 사용은 다른 '고전적' 파동에서와 반대로 수학적 선택의 결과가 아니라 필수이다. 복소수 없이는 양자물리학도 없다! 허수는 우리 일상에 뚜렷이 드러나지는 않지만 우리 주변 어디에나 존재한다. 그런데 허수는 정말 실수와 동떨어진 것인가?

복소수는 또한 벡터로 볼 수 있다. 벡터는 공간의 두 점을 연결하는 보이지 않는 화살이다. 이것은 여러분이 지금 읽고 있는 페이지의 대각선 방향, 즉 왼쪽 하단에서 오른쪽 상단으로 향하는 화살표와 같다. 이 페이지의 가로, 세로, 대각선이 직각삼각형을 이루기 때문에 피타고라스와 바빌론 사람들은 이 대각선 벡터의 길이를 제곱하면 가로의 제곱에 세로의 제곱을 더한 합과 같다는 점을 우리에게 알려준다. 이 기법은 복소수의 크기('절대값'이라고도 한다)를 계산하는 데 사용된다. 이를테면 복소수 $3+4i$의 크기의 제곱은 $25 = 3 \times 3 + 4 \times 4$이다. 결국 그리 복잡하지는 않다.

슈뢰딩거의 확률파동이 실질적이지 않다면 그것은 용어의 물리학적 의미에서뿐 아니라 수학적 의미에서도 그렇다. Ψ 파동은 정말 '복잡하다!' 짜임새 공간의 각 지점에 복소수 하나가 대응되는데, 바로 이 복소수로부터 Ψ 파동으로 묘사되는 물체가 이 지점에서 관찰될 확률을 얻어낸다.

일반적으로 어떤 파동의 세기는 파동의 크기인 진폭을 제곱하여 얻는다. 슈뢰딩거 확률파동의 경우, 파동의 세기이자 가장 높은 밀도의 확률은 복소수 Ψ의 절대값의 제곱으로 결정된다. 그러므로 이것을 마땅히 파동 Ψ의 '확률 진폭'이라는 보편적 명칭으로 부를 수 있다.

그렇다면 기상학에서처럼 일종의 지도를 만들 수 있는데, 그것은 기온도가 아니라 확률파동의 세기에 관한 지도이다. 이렇게 지도를 만들면 등고선과 산과 계곡을 가진 풍경을 얻게 된다. 산들은 세기의 최고점들과 일치하는데 그 점에서는 Ψ 파동으로 묘사되는 물체가 관찰될 확률이 높다. 반면 계곡들은 세기의 최저점들을 나타내며 그 점들에서 위치를 측정하면 물체를 발견할 확률이 아주 희박하다.

양자물리학 전체를 단 하나의 방정식으로 요약할 수 있다면 그것은 바로 슈뢰딩거방정식이다. 그가 1925년 12월 스위스의 산장에서 방정식을 정립한 것은 사실 물리학자 피터 디바이Peter Debye의 신랄한 지적에 자극을 받아서였다.

1925년의 아로사, 관능이 방정식으로

사랑은 모든 형태로 슈뢰딩거의 삶에 중요한 역할을 했다. 정확히 말하면 성 이상으로 그에게 중요한 것은 사랑의 감정이었다. 사랑에 취하고 사랑받고 있음을 느끼는 것이었다. 관능, 에로티시즘, 욕망은 그의 존재에서만큼 그의 창조적 활동에도 강한 활력소였다. 그의 이름을 딴 방정식은 이 관능적 열정 덕분이다.

슈뢰딩거 자신의 명예뿐 아니라 태동하고 있던 양자물리학의 명성을 위해 큰 역할을 해 과학사에서 즐겨 언급되는 슈뢰딩거방정식은, 1925~1926년 겨울 스위스 산간의 아로사 온천마을에서 발견되었다. 이곳은 몇 년 전 그가 드브로이와 별개로 물질의 파동성에 대한 직관을 얻은 곳이기도 하다.

이곳에서 며칠 지낼 때 그는 비밀스러운 젊은 여인과 함께했다(여인의 정체에 대해서는 언제나 알려진 바가 없다). 그의 친구인 수학자 헤르만 바일Hermann Weyl의 말에 따르면 슈뢰딩거가 방정식을 만들기 위한 창조력을 길어낸 원천은 바로 이 뒤늦은 관능의 폭발이었다. 이 창조력이 아내인 안네 슈뢰딩거를 통해서는 강해지지 못한다면 우스운 일이 아닐 수 없다. 게다가 안네에게도 연인이 있었으니, 다름 아닌 헤르만 바일이었다!

안네와 에르빈 슈뢰딩거 부부는 관습과 거리가 멀었지만 삶의 마지막 날까지 부부로 이어져 있었고 공모관계를 유지했다. 그렇더라도 이들 부부의 자유로운 결합은 독특해, 이런 풍속이 배척되는 서구 여러 나라에서 어려움을 겪을 수밖에 없었다. 이 촌극의 결

말은 이렇다. 제2차 세계대전 이후 슈뢰딩거 부부는 전설적인 청교도주의를 경시하던 아일랜드의 품에 극진한 환대를 받으며 안긴다.

한 달 전에 피터 디바이는 슈뢰딩거가 물리학에서 드브로이의 발견이 함축하는 내용에 관해 취리히 연방공과대학에서 발표한, 지나치게 단순하다는 평을 받은 그 보고서에 대해 공개적으로 비꼰 적이 있었다. 디바이는 특히 드브로이의 파동이론이 안고 있는 큰 결점은 파동방정식이 없는 것이라고 지적했다. 다시 말해 이 화제의 물질파가 어떻게 움직이는지 규정하는 방정식이 없다는 것이었다.

여러분이 조만간 틀림없이 만나겠지만, 이 유명한 방정식은 다음과 같다.

$$i \frac{h}{2\pi} \frac{d\Psi}{dt} = H\Psi$$

양자물리학이라는 수수께끼의 핵심이 바로 이 방정식에 담겨 있다. 하지만 애석하게도 양자물리학의 많은 단골손님은 이것을 자세히 살펴볼 생각을 하지 못한다. 왜냐하면 다음과 같은 양자적 주재료들이 여기 또 나타나기 때문이다. 복소수(i라는 수를 통해), 양자화(∂수 h를 통해), 대자연을 묘사하는 우리의 방정식들에 당혹스럽게도 언제나 존재하는 수 π, d/dt로 나타내는 시간에 따른 변화 개념, 이 변화의 동력으로서 에너지 H, 그리고 물론 파동함수 Ψ도 등장하는

데 이것은 파동-입자 이중성과 모든 것은 진동일 뿐이라는 점을 보여준다.

진동은 추상적 세계(수학적인 짜임새 공간)에 존재하며, 우리가 사는 물리적 세계에서 특정 물리량을 관찰할 확률을 알려준다. 가능성의 진동들이 때로 우리 눈앞에 나타난다. 파동적인 확률을 위해 확실성은 끝났다.

그런데 주의할 점이 있다. 이것은 확실히 예측되는 확률이다! 왜냐하면 고전물리학(역학, 전자기학)의 여러 변화 방정식처럼 슈뢰딩거방정식도 결정론적이기 때문이다. 주어진 순간의 파동함수 Ψ를 알아냄으로써 이 방정식은 미래 어느 순간에든 파동함수를 알아낼 수 있게 해준다. 그러므로 슈뢰딩거방정식의 해는 확률론적이며 알 수 없는 세계에 속해 있지만 그 해들의 변화는 완벽하게 결정되어 있고 알려져 있다.

이 방정식은 아주 단순해(물리학의 어떤 방정식들은 몹시 복잡하다!) 슈뢰딩거의 명성을 높였을 뿐 아니라 진보와 발견의 원천이 되었다. 원자 세계의 여러 분야와 사례들에 이 방정식을 적용한 슈뢰딩거는 1926년 한 해 동안 6개의 논문을 연이어 발표했다. 그 논문들에서 슈뢰딩거는 양자물리학에서 그의 파동역학이 어떻게 하이젠베르크와 그의 코펜하겐 동료들이 얻은 결과들을 재확인시켜주었는지뿐 아니라, 당시 거의 모든 원자 수준의 관찰을 어떻게 정확히 설명할 수 있는지 보여주었다.

그러므로 아인슈타인에게 1905년이 그러했듯 슈뢰딩거에게는 1926년이 그야말로 경이로운 해였다. 그해 국제적 명성을 얻고 동료들로부터 확실한 인정을 받은 슈뢰딩거는 1933년 노벨 물리학상을 받았다.

그런데 한 가지 규명해야 할 점이 남아 있었다. 양자물리학의 두 형식, 즉 슈뢰딩거의 파동이론과 하이젠베르크, 보른, 요르단의 행렬이론이 같은 결과를 도출했기 때문에 두 이론은 서로 다른 외형을 취하지만 동등한 것이어야 했다. 슈뢰딩거에 이어 파울리, 에카르트 Eckart, 요르단 같은 다른 학자들이 이 문제에 맞서 어떻게 수학적으로 두 이론을 연결할 수 있는지 보여주었으나, 1926년 말 진정한 해결의 실마리를 쥐고 있던 사람은 바로 영국의 젊은 천재 물리학자 폴 디랙(자폐성 장애의 하나인 아스퍼거 증후군을 가지고 있었다는 설이 지지를 받고 있다)이었다.

그에 따르면 파동과 행렬, 두 이론은 하나의 생각이 다른 언어들 (예를 들어 한자, 알파벳, 점자, 상형문자를 사용해)로 표현될 수 있듯, 보다 보편적인 이론 하나를 각각의 특수한 표현방식으로 나타낸 것일 뿐이다. 디랙과 더불어 헝가리 태생의 미국 학자 폰 노이만(신동이었던 또 다른 천재)에 의해 형식화된 이 '메타이론'은 마침내 1927년 양자물리학의 개념적 틀이 되었다.

앞서 말했던 다른 언어들의 비유를 다시 언급하면, 더욱 보편적인 이 메타이론의 관점은 어떤 특정 언어를 통해 이 생각을 표현하는 방식보다 오히려 그 생각들 자체를 더 강조하고 있다. 물체의 이미지 또는 하나의 그림자보다 물체 자체를 중요시한다. 외형보다 본질이, 형태보다 내용이 중요하다. 비록 이 내용이 추상적인 수학적 세계에 존재하더라도 말이다.

5장

~

양자 측정, 여러분은 방금
이 책을 바꿔버렸다!

양자 수준에서 물리적 특성을 관찰 혹은 측정하는 행위는 당혹스럽다. 거기서 얻은 결과들은 예측할 수 없이 당황스러우며 물체의 상태는 측정 시 갑자기 바뀔 수 있다. 측정 대상의 양자적 세계와 측정 도구의 고전적 세계 간 경계가 활발히 연구되고 있으며, 이와 관련된 다양한 실험은 시간에 대한 우리의 일반적 개념을 전복시키고 있다.

관찰한다는 것은 실제로 어떤 의미인가? 별 하나, 개미 한 마리 혹은 이 페이지의 단어들을 관찰하는 것. 바다 위로 부는 바람 혹은 비 온 뒤의 고요를 바라보는 것. 관찰, 탐색, 관조 등. 물론 눈으로 하는 행위지만 다른 감각들도 모두 동원된다. 이때 관찰한다는 것은 느끼다, 감정을 품다, 인식하다, 그리고 측정하다의 동의어가 된다! 수동적 혹은 능동적으로, 하지만 언제나 지칠 줄 모르는 호기심으로

《 작용은 그것이 무엇이든 아직 존재하지 않는 것의 이름으로 존재하는 것을 바꿔버린다. 작용은 구질서를 깨뜨리지 않고서는 완수될 수 없으므로 영원한 혁명이다. **》**

장폴 사르트르, 『성자 주네Saint Genet』

세계를 만져보는 것이다.

"매사에 측정이 있다"라고 로마의 시인 호라티우스는 말했다. 그래, 그런데 어떤 측정? 물리학자는 짓궂게 답한다! 고전적 측정 아니면 양자적 측정? 이름도 유명한 **양자 측정**은 매우 섬세하고 복잡하며 수많은 최첨단 연구자로 하여금 계속 눈살을 찌푸리게 한다. 벌써 이런 소리가 들린다. 양자 측정이라는 개념을 책 몇 페이지로 이해한다는 게 가능한 일이냐며 따지는 소리가.

불가능한가? 정말로? 적절한 답을 줄 수 있을까? 해석 불가능한 것을 정말 이해할 수 있을까? 캐나다 퀘벡 작가 피에르 튀르종Pierre Turgeon의 말처럼 "이해 불가인 최초의 밤을 깨뜨리는"것이 가능할까? 어쨌든 이것이 바로 이 장의 목표이니 푸르른 수평선을 잠시 바라보자. 그리고 커다란 영감을 가지고 말할 수 없는 것의 심연에 **빠져들** 준비를 하자!

하지만 양자 측정의 미스터리를 파헤치기 전에 물리적 측정이라는 고전 개념에 대해 잠시 알아보자.

🦀 고전적 측정이란 무엇인가?

기억하는 한 가장 먼 옛날부터 인류는 언제나 세상을 관찰하고 측정하는 능력을 발휘하고자 노력해왔다. 가장 먼 곳, 가장 큰 것, 그리고 가장 작은 것을 탐구하려는 인간의 이러한 갈증은 지구뿐 아니라 우주 혹은 물질의 핵심에 이르는 미지의 영역들로 우리를 이끌었다. 바람이나 해류의 힘, 달까지의 거리 혹은 우주의 크기, 말 한 마리의 동력 혹은 금속의 경도硬度, 대기의 온도나 공의 속도, 원자의 구조 혹은 **공의 에너지** 등 측정 대상은 아주 많다.

여러 세기 동안 사물의 관찰, 그것의 물리적 특성에 대한 측정은 (사물을 자유자재로 다루기 위한) 기술적 또는 철학적 문제(그 사물의 모든 것을 알 수 있는가? 관찰은 실험과 같은 가치를 지니는가? 객관적 지식의 경계는 어디인가?)만 제기했으나, 20세기 초 양자물리학과 (특수와 일반)상대성이론의 등장으로 모든 것이 바뀌었다.

20여 년 동안 이 혁명적 이론들은 물리학에서 확실하고 불변인 듯 보였던 모든 것을 넘어뜨렸다. 시간과 공간의 성질에서부터 동시성과 정체성 및 국소성의 개념뿐 아니라 심지어 아주 직관적 개념인 실재에 대해서까지.

특히 무한소 세계에서의 관찰로 인해 과학자들은 '측정'의 개념을 근본적으로 재검토하고 완전히 새로 정의할 수밖에 없었다. 양자가 아닌 고전물리학에서 정의되는 대로의 측정 행위는 한 물리계의 몇 가지 특성에 대한 정보를 얻는 것이다. 그 계가 물질적(물체, 입자 또는 음파, 파도 또는 물방울, 나, 당신 또는 별)이든 비물질적(빛의 파동)이든 말이다. 얻어지는 정보는 속도, 위치, 에너지, 온도, 부피, 방향 등이다.

측정에 대한 이 같은 정의에 따르면 한 물리계는 측정이 실제로 이뤄지기 전에 그 안에 각각 (미리) 결정된 값을 갖는 여러 특성을 소유하고 있으리라 생각된다. 그리고 이 정의는 아주 직관적이고 자연스러우므로, 이것에 따르면 이 특성들은 측정 가능하고 획득한 정보는 측정 도구 및 실험자와 별개로, 측정된 특성을 충실히 반영한다고 믿게 된다. 그러나 이 정의는 한 물체의 다른 여러 특성(예를 들면 물체의 속도와 위치)을 동시에 측정할 가능성 또는 불가능성에 대해 전혀 말해주지 않는다.

마지막으로 이 정의는 측정 사후, 그러니까 측정이 이뤄진 뒤에 대해서도 전혀 말해주지 않는다. 그렇다면 사후에 얻은 정보에 어떤 의미가 부여될 수 있는가? 이 정보는 측정 이전, 도중, 사후 물리계의 상태를 특징적으로 보여주는가? 예를 들어 어떤 특성을 측정한다는 사실이 연구되는 물리계를 교란한다면, 그래서 측정이 사후계의 진정한 상태를 반영하지 못한다면 측정 중에 획득한 정보에는 어떤 의미가 주어질 수 있는가?

🐚 양자 측정이란 무엇인가?

앞에서 살펴보았듯(이를테면 원자의 에너지 부분) 양자물리학에서 어떤 물리량을 측정한다는 것은 다른 모든 값은 배제된 채 매우 정확한 특정 값만을 얻는다는 것이다. 따라서 얻어진 숫자들, 수치상의 측정 결과들은 마치 눈금자 위의 눈금들처럼 신중하게 그리고 불연속적으로 분배된다. 이때 이 물리량은 양자화되었다고 하며, 이를테면 하이젠베르크와 보른, 요르단의 행렬역학에서처럼 숫자들의 표 형태로 이 물리량을 표현할 수 있다.

그런데 아인슈타인, 보른, 슈뢰딩거가 알려준 바에 따르면 이 특수한 숫자들, 측정 가능한 결과들은 온전히 우연적으로, 되는대로 얻어진 것이다. 그러므로 몇 가지 특수한 경우를 제외하면 이 숫자들은 보통 확실히 예측할 수 없으며 여러 번 반복 측정했을 때 나타나는 숫자들의 평균 빈도만 계산할 수 있다.

반면 알 수 있고 확실한 것은 이 결과들을 얻을 확률이다. 이것은 똑같은 확률(추첨함에 공이 50개 있다면 1/50임)로 추첨함에서 임의적으로 굴러 나오는 복권추첨 공의 경우와 비슷하다.

이때 측정의 확률은 연구대상인 사물의 파동성과 직접적으로 관련되어 있다. 다시 말해 슈뢰딩거가 루이 드브로이의 연구 이후 물질적이거나 그렇지 않은 모든 대상에 관련시켰던 그 파동과 직접 관련된다는 말이다. 이 파동은 수학적이고 추상적이고 복합적이며 파

동함수로도 불린다. 사실 보른의 해석에 따르면 이 추상적 파동의
세기를 계산하면 가장 높은 빈도를 가질 확률을 알 수 있다.

하지만 세부적인 차이는 있다. 위치 측정의 경우 주어진 장소에
서 파동의 세기는 적절한 측정에 의해 이 지점에서 물체를 발견할
확률을 알 수 있게 해준다. 반면 다른 것을 측정할 경우에는(반드시 위
치 측정일 필요는 없다) 슈뢰딩거의 파동을 양자 상태로 일반화(1920년
대 말 디랙과 폰 노이만이 실행한다)해야 한다.

이처럼 어떤 물리계의 슈뢰딩거 파동은 양자 상태의 특수한 표
현으로 볼 수 있으며 이 양자 상태는 그 계의 각 구성요소의 위치(양
자 상태의 '위치 표시'라고 한다)에 따라 표현된다.

전혀 모호하지 않다

우리가 이미 알고 있듯, 양자물리학에서 측정 결과는 보통 우연적
이다. 다시 말해 이 결과들이 나타날 확률은 0과 1 사이이다(즉 0%
에서 100% 사이이다). 그런데 0 혹은 1이라는 두 가지 극단적 경우는
확실한 결과들과 일치한다. 다시 말해 결과가 금지된 것이거나(확
률 0) 반대로 결과가 확실히 얻어지는(확률 1) 경우이다. 그와 관련
된 양자 상태는 분명 측정의 고유 상태이다.

그렇다면 당연히 이런 의문이 생긴다. 이 양자 상태들은 어디에서 비롯되는가? 그것들은 어떻게 정의되는가? 이 양자 상태들은 측정 도구, 가능한 측정 결과들, 그리고 이 우연적 결과들의 발생 확률과 어떤 관계에 있는가?

양자물리학이 전제하는 것은 어떠한 양자 상태라도 '고유 상태'라고 하는 특수한 상태를 이용해 표현할 수 있다는 것이며, 이 특수 상태들은 측정 작용(확실히 하자면 사용된 측정 도구)과 직접적으로 관련된다. 측정의 고유 상태들은 매우 간단하게 정의된다. 고유 상태일 때의 측정 결과들은 확실하다!

이 고유 상태들을 어떻게 얻는가? 시행착오를 통해? 똑같이 준비된 여러 물리계(이를테면 원자들)에 대해 똑같은 측정을 실시한 뒤 매번 같은 측정 결과를 얻는지 주시함으로써? 만일 이 경우라면 물리계가 측정의 고유 양자 상태에서 잘 준비되었다고 귀납적으로 결론 내릴 수 있다.

이 방법의 문제는 최초의 질문이 준비 단계로 옮겨진 것일 뿐이라는 점이다. 그렇다면 여러 물리계를 어떻게 같은 양자 상태에 있도록 준비시킬 수 있을까?

역설적으로 이 질문에 대한 답은 까다로운 동시에 매우 단순하다. 까다로운 이유는 이 답이 앞으로 자세히 알아볼 논쟁적인 원리(파동함수의 환원 원리)에 의지하고 있기 때문이다. 그러나 매우 단순한 이유는 이 원리의 의미가 측정 이후 물리계가 측정 결과와 관련된 고유 양자 상태로 즉시 내던져진다('붕괴된다' 또는 '환원된다'라고도 한다)는 뜻이기 때문이다.

그러므로 측정 이후 계의 양자 상태는 잘 정의되고 분명히 알 수 있는 것일 뿐 아니라 측정 도구와 불가분의 관계가 된다. 이것이 이 계의 고유 상태 중 하나이기 때문이다.

비슷하면서도 근본적 차이점이 있다

우리가 사는 실제 세계, 즉 물질적인 측정 행위가 펼쳐지는 세계에서는 선험적으로 양자 측정과 고전적 측정을 구분하게 해주는 것이 거의 없거나 전혀 없다. 이 두 가지 측정을 실시하면 결국 숫자를 얻는데, 이 수는 이를테면 컴퓨터 화면상의 수치 또는 탐지기의 바늘이 가리키는 눈금으로 표시된다. 하지만 양자 측정의 경우 엄청난 차이점이 있다. 그것은 바로 결과가 우연히 얻어진다는 점이다.

똑같이 준비된(따라서 같은 양자 상태에 있는) 두 계에 대해 두 가지 똑같은 측정을 했을 때 같은 결과를 내는 경우는 이 계들의 측정 전 양자 상태가 측정의 고유 상태 중 하나일 때뿐이다. 그렇지 않다면 완전히 예측 불가능한 두 개의 다른 결과를 얻는다. 이러한 측정 결과들이 나타날 확률만 예측할 수 있으며, 이 확률은 측정 전 상태로부터 계산할 수 있다.

🐚 붕괴와 표류

그러므로 전형적인 양자 측정은 세 가지 기본 단계를 포함한다. 측정 전(어떤 결과를 얻을 확률), 측정 중(가능한 모든 결과 중에서 우연적으로 얻어진 결과), 그리고 측정 후(실제로 얻은 측정 결과와 관련된 고유 상태로의 투사). 바로 이 세 번째 단계(일반적으로 **파동묶음의 붕괴**라 불리는)에 관해 1920년대 말 베르너 하이젠베르크와 존 폰 노이만이 공식화한 이후에도 관련 논문이 쏟아져나오고 있다.

'파동묶음의 붕괴'라는 용어는 한 입자의 위치를 측정할 때 결과로서 오로지 하나의 위치만 얻게 된다는 사실을 가리킨다. 그러므로 측정 시 입자의 위치는 한 점으로 국한되는 반면 측정 직전의 입자는 파동으로 표현된다. 그런데 파동은 '비국소적인' 대상이다. 다시 말해 파동은 어디에나 혹은 적어도 커다란 체적 안에서 펄럭이는데, 심지어 얽혀 있는 파동 여러 개의 결합(여기서 '파동묶음'이란 용어가 비롯된다)을 고려하면 더욱 그러하다.

따라서 측정 시에는 물체-파동에서 물체-점으로의 거의 즉각적인 전이가 이루어진다! 공간의 고립된 한 점으로 갑작스러운 붕괴가 일어난 것인데, 이것은 혹시 마술을 부린 것 아닌가 하는 기묘한 인상을 줄 수 있다. 그러나 이 난데없는 환원이 우리가 사는 공간에서 벌어진다고 생각하지는 말자! 이것은 사실 확률파동이 존재하는 추상적인 수학적 공간, 즉 다른 공간에서 일어난다.

걸음에 맞추어 측정하라!

양자효과가 훨씬 커지는 가상 세계로 들어가보자. 보행자 한 명을 대상으로 가상의 속도계를 이용해 양자 속도를 측정한다고 가정해보자. 이때 이 속도계에서 나올 수 있는(양자적인!) 결과는 시속 0과 100km뿐이라고 해보자. 그렇다면 이 속도계는 우연히 0 혹은 100을 가리킬 것이며, 측정 직후 이 사람의 양자 상태는 측정 결과와 밀접한 상태일 것이다. 다시 말해 시속 0km든 100km든 오로지 둘 중 하나일 것이다.

물론 우연이라 해도 '100'이라는 결과는 '0'이라는 결과보다 나올 가능성이 적겠지만 그래도 나올 수는 있을 것이다(이때 측정 후 보행자는 엄청나게 가속하게 된다). 그리고 100이란 결과는 똑같이 걷는 수많은 보행자를 대상으로 측정한다면 가끔 얻을 수도 있을 것이다. 그러나 안타깝게도 비유는 여기서 끝이다. 한순간 그런 도구가 있을 것이라고 믿었던 일부 독자이자 보행자들에게 채워지지 않는 환상을 남긴 채.

이미 살펴보았듯 파동함수라고도 하는 이 파동은 이것이 묘사하는 물체가 무엇인지 혹은 무엇일 수 있는지에 대한 정보들의 파동이다. 따라서 여기서 말하는 붕괴는 연구 대상의 특징적인 정보가 갑작스럽게 하나로 환원되는 것이다. 즉 이 물체는 측정 전 여러 장소에 존재할 수 있었지만 측정이라는 작용이 이 물체가 발견될 확률이

0이 아니었던 장소 중 한 곳에서 나타나게 한다. 이것은 수학적 붕괴이고 수학 함수의 갑작스러운 변화이며, 결론적으로 전혀 마법이 아니다!

'파동묶음의 붕괴'라는 용어는 일반적으로 측정의 세 번째 단계를 가리킨다. 이 측정이 위치 물리량과 관련 없는 경우에도 그렇다. 이 단계는 투사의 단계, 즉 측정 시 어떤 양자 상태에서 또 다른 양자 상태(이 마지막 상태는 측정 시 얻어진 결과와 관련된다)로 거의 즉각적으로 이동하는 단계이다.

🦀 어떤 확실한 불확정성

확률파동의 물리적인 붕괴와 나란히, 어떤 대상의 내재적 특성에 대해 우리가 가지고 있던 확실성의 붕괴도 존재한다. 다시 말해 종래의 고전물리학에서 이 대상을 완벽하게 특징짓던 확실성이 붕괴된다는 의미이다.

양자물리학에서 어떤 대상에 고유한 것은 그것의 물리적 특성들의 값이 아니라 측정을 통해 그 값을 얻을 확률이다. 어떤 대상에 대해 그것이 이러저러한 물리적 특성(위치, 속도 등)을 가진다고 말하는 것은 양자물리학 입장에서 보면 두 측정 사이의 상태에 대해 아무런 의미도 주지 못한다.

예를 들어 이 대상의 위치를 측정하는 행위는 우연히, 확실하게 예측할 수 없는 방식으로 대상에 특정 위치를 부여하는 것이다. 그런데 '위치' 정보는 측정하는 그 순간에만 의미를 가진다. 그 전에도 그 후에도 의미가 없다.

게다가 위치 측정은 여타의 측정을 통해 물체에 부여할 수 있었던 다른 물리적 특성(이를테면 속도)의 값에도 영향을 미친다. 심지어 결합된 물리량이라고 하는 어떤 물리량들의 짝은 동시에 측정할 수 있는 가능성이 기본적으로 금지되어 있다. 예를 들면 위치와 속도 또는 에너지와 수명 등이다.

사실 이것은 하이젠베르크가 1927년에 발표했고 '불확정성의 원리'라는 명칭으로 알려진 그 유명한 불확실성의 원리에 대한 설명이다. 그런데 불확정성의 원리라는 명칭은 사실 기만적이다. 우리가 말하고 있는 불가능성이 실험에서 비롯된 불확정성의 결과라고 생각하게 만들기 때문이다.

처음에 하이젠베르크가 생각한 것은 대상을 변경하지 않으면서 보는 것이 불가능하다는 점에 대한 것이었다. 빛의 입자성이라는 용어의 일반적 의미는 어떤 대상이 방출 또는 반사하는 약간의 빛을 포착하면 이 빛 속에는 적어도 하나의 광자가 포함되어 있어야 한다는 의미이다. 사실 광자 하나라는 한계 이하로 빛을 약하게 하기란 불가능하다. 그런데 3장에서 살펴보았듯 이 광자는 관찰 대상과 상호작용하면서(널리 알려진 복사압을 만들어내면서. 그런데 이 복사압은 미래

우주선의 태양 돛을 부풀어오르게 할 동력이라고 한다) 대상의 속도를 바꿔버린다.

따라서 관찰 대상은 광자를 방출 또는 반사한 직후 돌이킬 수 없고 예측 불가능한 방식으로 속도 변화를 겪는다. 게다가 이 대상은 빛과의 상호작용 이후 반드시 위치가 변하기 때문에 광자를 통해 주어진 위치 정보는 더 이상 적합하지 않다. 따라서 어떤 사물을 조금이라도 변화시키지 않으면서 관찰하기란 불가능하다. 예를 들면 이 글을 읽는 동안 여러분은 자신도 모르게 이 책을 바꿔버린 것이다!

이 효과는 광자의 에너지가 클수록, 즉 빛의 파장이 짧을수록(2장 참조) 더 크다. 그리고 위치에 대한 정보가 정확할수록 관찰 대상의 속도가 교란되는 정도도 더 커지며 그 반대도 마찬가지이다. 따라서 위치와 속도라는 정보는 역의 정확성으로만 알 수 있다!

만일 대충 정확한 것에 만족한다면 아무 문제 없다. 하지만 매우 정밀한 정확성을 추구한다면 원칙적 불가능성에 직면한다. 즉 위치가 정확하거나 속도가 정확하거나 둘 중 하나지 둘을 동시에 얻을 수는 없다.

하이젠베르크의 불확정성 원리가 끼친 중대한 영향은 어떤 대상이, 이를테면 원자나 전자가 표준 양자물리학에 따라 정의된 궤도를 가질 수 없다는 점이다!

궤도를 가지려면 주어진 몇 회의 시점에 대상의 위치와 속도를 동시에 측정할 수 있어야 할 것이다. 그러므로 원자의 전자들은 원자핵 주변의 잠재적 궤도들을 따라 돌 수 없다. 그 이유는 오로지 이 궤도들이 존재하지 않기 때문이다(궤도가 존재한다고 하더라도 측정할 수 없을 것이다)!

그러므로 양자 세계에서 궤도에 대해 말하는 것은 날이 새고 저무는 것이 동시에 일어나는 장소 또는 한 손으로 치는 박수만큼이나 의미 없는 일일 것이다.

상보적인 것들의 결합

'한 손 손뼉치기'라는 간화선의 비유가 뜻밖이지 않은 것이, 양자 법칙 발견자들은 일찍이 극동의 철학(특히 불교, 힌두교, 도교)에 매료되었거나 적어도 상당한 관심을 보였기 때문이다. 예를 들어 덴마크의 닐스 보어는 도교에 친밀감을 느끼고 그 핵심으로 태극도를 취해 주목했는데, 태극도는 흑백의 음과 양으로 구성된 널리 알려진 도교의 상징으로, 상반되는 것들의 상보성을 나타낸다. 그는 심지어 태극도를 연구실 문에 걸어두었을 뿐 아니라 이것을 가문의 문장으로 삼았다. 또한 1910~1920년대에 실험적으로 확인된 실재를 일반 원리 형태로 표현하는 영감을 바로 이 태극도에서 얻었다. 하이젠베르크는 이러한 영감의 몇 가지 특수한 경우를 자신의 불확정성의 원리를 가지고 수학적으로 표현했다. 보어에 따

닐스 보어의 문장

르면 양자물리학에서 표현되는 기본적 이중성은 상반되는 것이 아닌 서로 보완적인 물리량들이 존재한다는 사실을 반영한 것일 뿐이다.

이 '상보성' 원리에 따르면 파동-입자 이중성은 연구 대상의 진정한 성질에 대한 우리의 무지에서 비롯된 것일 뿐이며, 이때 파동성과 입자성은 이 대상의 두 가지 다른 측면으로 볼 수 있다. 이두 측면은 서로 다를 뿐 아니라 양립 불가능하다. 이를테면 입자의 위치와 속도 측정에서처럼 상반된다. 서로 반대되는 것들이 자신들을 초월하는 어떤 이해할 수 없는 실재의 형태로 결합하다니. 이보다 덜한 것이 있더라도 우리의 상상력은 폭발하고 말 것이라는 점을 인정하지 않을 수 없다.

🐚 틈새로 시간이 달아나는 슬릿

보어식의 상보성은 양자물리학의 원리로서 정립되지는 않았지만 다양한 상황에서 실험적으로 확인된다. 시사하는 바가 가장 크고 의미심장한 것은 저 유명한 영의 슬릿 실험(2장 참조)의 수많은 변형 중 하나이다. 단순하지만 강력한 이 실험은 슬릿을 향해 하나씩 쏘아 보낸 입자들(광자, 전자, 원자, 분자 등)의 간섭 현상을 규명해준다.

이 변형 실험에는 입자가 두 슬릿 중 어느 곳을(왼쪽 슬릿 또는 오른쪽 슬릿) 통과할지 탐지할 수 있는 '입자 대 슬릿' 장치가 추가되어 있다. 두 슬릿과 스크린 사이에 위치한 이 장치는 어떤 슬릿을 통과했는지 간접적으로, 즉 슬릿으로 보낸 입자의 가상 궤도를 방해하지 않고 결정한다. 이 경우 입자들이 스크린에 충돌할 때 어떤 일이 생기는가? 입자들이 이 장치가 없는 경우와 같은 간섭무늬를 형성하는가?

그렇지 않다. 충돌한 입자들은 스크린 위에 어떠한 간섭무늬도 만들지 않는다. 우리 눈에 보이는 것은 입자의 절반을 왼쪽 슬릿에, 나머지 절반을 오른쪽 슬릿에 보냈을 때의 관찰 결과와 일치한

《 나는 멕시코가街의 내 사무실에, 누군가가 지구상에 흩어져 있는 오늘날의 재료들을 가지고 수천 년 후 그리게 될 그림을 소장하고 있다. 》

호르헤 루이스 보르헤스, 『모래의 책』

다. 즉 두 그룹의 충돌이 있고 각각의 슬릿 뒤에 한 무리가 관찰되는 것이다. 다시 말하면 입자들은 우연히 두 슬릿 중 하나를 통과하지만, 그렇게 할 때 다른 슬릿의 존재를 인지하지 않으며 마치 다른 슬릿이 없는 것처럼 움직인다.

이렇게 입자성을 탐지하는 국소적인 감지기를 놓은 행위만으로 입자들은 자신의 파동적 행위를 사라지게 만드는 것으로 보인다. 그러므로 '입자가 어떤 슬릿을 통과하는가' 하는 입자적 정보를 갖는 것은 파동적 정보를 잃게 만든다.

그런데 우리는 한술 더 떠, 각 입자가 어떤 슬릿을 통과하는지에 관한 부분적인 정보만 주는 '입자 대 슬릿' 장치의 구현 방법을 최근 몇 년 전부터 더욱 잘 알고 있다. 따라서 입자가 어떤 슬릿을 통과하는지 정확히 모르게 할 수 있고, 심지어 이 입자성에 관한 정보를 마음대로 조정할 수 있다. 결론은 확고하다. 입자들이 어떤 슬릿을 통과하는지 더 정확하게 알수록 간섭무늬는 덜 뚜렷하게 나타난다! 그러므로 파동성과 입자성 간에는 총체적 상보성이 존재한다.

입자가 어떤 슬릿으로 통과할지 탐지할 수 있다는 것이 이 입자가 파동으로서보다 입자로서 행동하게 만든다는 사실에는 미묘한 점이 있다. 예를 들어 한 슬릿을 통해서만 입자의 통과를 알아내는 장치를 가지면 같은 결과를 얻는다. 이 한쪽이 왼쪽 슬릿이라고 가정해보자. 그리고 입자 하나를 두 슬릿으로 보냈을 때 감지기가 아무것도 탐지하지 못한다면 입자가 오른쪽 슬릿으로 통과했음을 간접적으로 알 수 있다. 즉 입자가 두 슬릿 중 하나를 통과하지 않음을 안다(따라서 비측정이다. 이를 '비파괴 측정'이라고도 한다)는 단순한 사실이 입자를 변화시켜 입자성을 띠게 만들어버린다. 입자가 오른쪽 슬릿을 통해 감지될 수 있었다는 사실이 입자의 파동성을 지워버린 것이다. 이런 일이 나타날 수 있다는 점만큼 당황스럽게도, 양자물리학에서 발생할 수 있었으나 발생하지 않은 사건들은 측정할 수 있는 효과를 갖는다. 이 황당한 현상을 일컬어 '반사실성counterfactuality'이라고 한다.

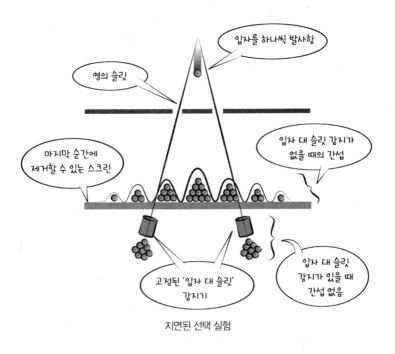

지연된 선택 실험

우주 규모로 실험하다

시간을 무너뜨리는 듯한 이 당혹스러운 현상은 실험실에 국한되지 않는다. 이 현상은 실험 규모와 상관없이 유효하게 입증된다! 물리학자 존 휠러가 생각해낸 실험을 예로 들어보자. 이 실험에서 사용되는 빛이 머나먼 어떤 은하계가 방출한 빛이라고 가정할 때, 두 슬릿 역할을 하는 것과 탐지 스크린 사이의 거리는 우주적 규모가 될 수 있다!

2016년 이탈리아 학자들의 실험은 이런 방향의 첫 사례였다. 이들은 지구와 여러 인공위성 사이의 우주에서 3,000km의 거리를 초과해 퍼져나가는 빛을 가지고 실험했다. 그곳에서도 결과는 같았다. 입자가 어떤 슬릿을 통과하는지 관찰하기 위해 선택된 순간이 언제든 이처럼 입자성을 띠는 측정은 입자로 하여금 파동이 아니라 입자로 행동하게 만든다. 호주의 물리학자 앤드루 트러스콧 Andrew Truscott은 2015년 이러한 지연된 선택 실험을 구현하는 데 성공했다. 그는 빛이 아닌 원자들을 이용했다. 그는 이렇게 말한다. "양자 수준에서의 실재는 만일 우리가 그것을 보지 않는다면 존재하지 않는다!"

꾀를 더 내볼 수 있다. 미국의 물리학자 존 휠러 John Wheeler가 1978년에 보여준 것처럼 입자가 어떤 슬릿을 통과하는지에 대한 정보를 실험에서 아주 후반부에만, 예를 들면 스크린에 충돌하기 직전에, 입자가 두 슬릿을 통과한 지 한참 후에만 얻도록 선택할 수 있다. 이런 종류의 실험을 '지연된 선택 실험'이라고 부른다. 이 경우에도 같은 결과가 관찰된다. 어떠한 간섭무늬도 생기지 않는 것이다!

이 실험에서 당황스러운 점은 마지막 순간에, 즉 입자가 스크린에 충돌하기 직전에 입자가 어떤 슬릿을 통과했는지 알지 못하게 정할 수 있다는 점이다. 또는 심지어 이 정보를 얻는 게 아니라, 이 정보를 알기 전에 어떤 적절한 수단(당연히 '양자 지우개'라 불린다)을 통해 이 정보를 지우는 쪽을 택하도록 정할 수도 있다. 이 경우 '입자가 어떤 슬릿을 통과했는지'에 대한 정보는 알려지지 않으며 충돌 결과 다시 간섭무늬가 나타난다.

그러므로 입자가 어떤 슬릿을 통과하는지 감지하거나 감지하지 않는 행위는 모든 실험계에서 입자가 하는 전반적인 행동에 영향을 미친다. 특히 입자가 파동으로서('입자가 어떤 슬릿을 통과하는지' 감지하지 않는 경우) 또는 입자로서(감지하는 경우) 행동하는 두 슬릿 영역에서 그러하다.

'입자가 어떤 슬릿을 통과하는지' 감지하는 행위가 입자가 두 슬릿을 통과한 직후 일어날 때, 그것은 미래가 과거에 영향을 주거나 미래가 과거로 소급되는 형태로 과거에 작용하는 것처럼 보인다. 이와 같이 우리가 실험을 전개하기로 하는 선택은 입자의 이전 상태를 결정하는 듯 보이며, 그럼으로써 시간에 대한 우리의 일반적 개념을 무너뜨린다.

다시 말해 모든 일은 마치 각 입자가 공간과 시간을 통해 가능한 모든 경로를 동시에 탐험하는 것처럼 일어난다. 만일 스크린 앞에 '입자가 어떤 슬릿을 통과하는지' 감지하는 장치가 없다면, 가능한 경로는 결국 간섭이 발생하는 경로들이다. 그러나 감지 장치가 있다면, 결국 간섭이 발생하지 않는 경로들만이 가능할 것이다.

파인먼 경로에 관하여

시공간 경로와 관련된 이와 같은 접근법은 사실 미국의 천재 물리학자 리처드 파인먼에 의해 발전했다. 그는 20세기 과학계 최후의 위대한 사상가이자 안내자 중 하나였다. 빼어난 교육자로서 탈권위적이고 때로는 엉뚱했던 파인먼은 봉고라는 악기를 연주했으며, 역사 속으로 사라진 시인이자 물리학자 클럽에 당당히 속할 만한 인물이었다.

그는 여러 경구를 남겼을 뿐 아니라 남다르게 파격적인 사고를 가진 것으로도 유명하다. 파인먼은 학생들을 가르칠 때 영의 이중 슬릿 실험이 양자물리학의 유일하고 진정한 미스터리를 가지고 있으며 이 이론으로 노벨상을 받은 자신도 이 미스터리를 설명하는 것이 불가능하다고 버릇처럼 말했다. 그러면서도 이 이론이 어떻게 작동하는지 소상하게 설명해주었다고 한다.

🐚 푸르른 수면에서의 결잃음

그러므로 양자 세계에서의 측정은 고전적 세계, 즉 비양자적 세계에서 통상적으로 의미하는 측정과는 아무런 공통점이 없다. 전자는 우연과 갑작스러움이 지배하는 매우 특수한 행위이다. 사실 어떤 사물에 양자 측정을 할 때 가능한 결과 중 얻을 수 있는 단 하나의 결과는 무작위로 얻어지며, 측정된 사물은 측정 이전의 양자 상태와 우연히도 전혀 관련 없는 어떤 양자 상태로 내던져진다.

이 급격한 변경은 순식간이라고 할 정도로 아주 단시간에 이뤄진다. 그러므로 불연속적인 것이다. 따라서 이런 질문을 제기할 수 있다. 이 불연속적인 행위와 슈뢰딩거의 연속적인 방정식을 어떻게 조화시킬 것인가? 사실 슈뢰딩거방정식은 측정 시의 크기와 역할의 구별 없이 모든 양자 상태의 변화를 설명하는 것으로 간주된다.

이때 측정 대상을 특징짓는 양자 상태가 있고 측정 도구를 특징짓는 양자 상태가 있다. 심지어 '측정 대상 + 측정 도구' 집합을 묘사하는 양자 상태도 있다. 이것은 마치 실험자를 포함하는 양자 상태가 하나 있고 실험실, 지구, 심지어 우주 전체까지 포함하는 또 하나의 양자 상태가 있는 것과 마찬가지이다! 이 양자 상태 각각의 변화는 슈뢰딩거방정식을 통해 설명된다. 하지만 문제는 이 방정식이 수학적 형태로 인해 갑작스럽거나 불연속적인 변화를 허용하지 않는다는 점이다. 그러므로 양자 상태의 시간에 따른 변화는 슈뢰딩거방정식을 통해 주어지는 대로라면 양자 측정 개념과 양립할 수 없는 것으로 보인다. 그러나 측정 시의 갑작스러운 투사만큼 슈뢰딩거방 정식도 실험적으로 매우 잘 입증되고 재현된다!

그렇다면 이 같은 이중적인 면을 어떻게 이해할 것인가? 어떤 대상의 변화가 두 개의 측정 사이에서 일어나는 것처럼 완만하고 연속적일지, 아니면 측정 시처럼 끊어지고 불연속적일지 결정하는 것은 무엇인가?

결국 측정이 무엇일 수 있는지, 더구나 양자 측정일 경우 측정이 무엇을 의미할 수 있는지에 관한 처음의 질문으로 언제나 되돌아온다. 측정을 새로운 시각으로 볼 수 있을까? 과학철학자 모리스 메를로퐁티Maurice Merleau-Ponty가 보이는 것과 보이지 않는 것에 대해 사색한 글에서 말한 것처럼 "세계를 보는 법을 다시 배울 수 있을까?"

측정과 변화는 양립하지 않는다!

재미있는 양자효과 중에 양자제논효과라는 것이 있다. 이 효과는 만일 두 측정 사이의 시간이 단축되면 측정 대상의 양자 상태는 변화할 시간이 없어, 말하자면 고정된다는 점에 근거한다. 측정을 계속 반복함으로써 슈뢰딩거식으로 양자계의 정상적인 변화를 막을 수 있다. 이것은 누군가를 자지 못하게 하려고 자느냐고 계속 물어보는 것과 비슷하다.

잘 생각해보면 측정은 다름 아닌 상호작용이다. 측정 대상과 측정 도구라는 두 사물 간의 상호작용인 것이다. 고전물리학에서는 이 두 사물의 성질에 차이가 없다 하더라도 양자물리학에서는 그렇지 않다. 양자 측정에서 있을 법한 결과들과 측정 후 가능한 양자 상태를 결정하는 것은 측정 도구의 특성이지 대상의 특성이 아니다. 측정 대상의 특성은 가능한 결과들의 확률 값을 밝히기 위해서만 개입한다.

측정이 상호작용이라면 양자 측정이 실제로 무엇과 유사할 것인지 상상하는 것은 어렵지 않다. 예를 들어 원자를 탐색하기 위해 정밀한 측정 도구의 매우 예리한 끝을 원자에 가까이 대본다. 혹은 (광전효과를 사용해, 2장 참조) 분자가 방출하는 빛을 포착하기 위해 광자 감지판을 사용한다.

이때 측정 도구와 측정 대상 사이에 어떤 근본적 차이가 있는가? 둘은 모두 원자 및 분자들로 이루어져 있다. 이들은 양자물리학의 관점에서 같은 성질을 지닌 두 개의 대상이다. 심지어 똑같은 원자와 분자들로 구성되어 있을 수도 있다. 그러나 측정 도구들이 이를테면 파동성을 띠지 않는다는 점은 분명하다. 그것들은 한 장소에서 갑자기 사라졌다가 갑자기 다른 데서 다시 나타나지도 않는다! 그렇다면 양자적 대상과 고전적 대상의 차이점은 무엇인가?

물론 첫눈에 두드러지는 차이점은 두 대상의 크기이다. 다시 말하면 크기란 내포하고 있는 원자의 수를 말하는데, 쉽게 측정할 수 있는 양자효과를 보여주는 전형적인 양자적 대상이 내포한 원자의 수는 지극히 적지만, 측정 도구가 내포한 원자의 수는 수십억의 수십억 개나 될 정도로 엄청나다! 이때 측정 도구를 구성하는 각 원자의 파동 상들이 서로 얽히고 뒤섞이는 것을 상상할 수 있다. 다음의 비유는 놀랍다. 모래알 한 개를 고요한 연못에 던지면 물 위에 경이로운 원들이 퍼지는 것을 보게 된다. 그러나 모래를 한 줌 던지면 수면의 동그라미 몇 개가 일관성 없이 얽힌 결과 형태를 알 수 없는 찰랑거림만 보게 된다.

이러한 경감 효과와 실종 효과, 그리고 내포하는 입자들의 수가 아주 많은 경우의 양자효과를 '대응 원리correspondence principle'라고 한다. 이것은 하나의 원리를 넘어 하나의 확인된(일반적이지는 않지만) 특성인데, 고전적 세계와 양자 세계의 경계를 정하려고 시도한 수많은 실험적 연구가 이 원리에서 출발하고 있다. 모래 한 줌으로 생겨난 일관성 없는 수면 위의 동그라미들과 유사한 것으로 **결잃음** 현상에 관해 말할 수 있다.

이때 결잃음 시간이란 이 시간 끝에 한 물체가 자신의 양자적 특성을 잃고 고전적인 것이 되어버리는 기간을 말한다. 우리 정도의 물체, 즉 수십억의 수십억 개의 원자들로 구성된 물체의 경우 이 결잃음 시간이 굉장히 짧다. 그러니 원자 하나의 경우 이 시간은 거의 없는 것이나 마찬가지이다! 이 원자가 많은 입자와 상호작용하는 것이면 환경으로 족하다. 이를테면 우리가 마시는 공기를 구성하는 입자들 또는 입자로 다가와 충돌하는 주변 빛의 광자들과 같은 많은 입자와 말이다. 그러므로 어떤 대상의 **양자 결맞음**을 보존하려면 방해가 되는 모든 환경으로부터 그것을 최대한 격리해야 한다.

확실하지만 부분적일 뿐인 답변

양자물리학이 등장한 순간부터 많은 연구자가 관찰자(측정 도구)와 관찰대상(측정되는 사물)의 매우 특수한 관계를 이해하려 시도했다. 1920년대 말, 이 관계의 수학적이고 실질적인 측면에 관한 합의는 바로 미국의 물리학자 존 폰 노이만에 의해 시작되었다. 너무나 유명한 그의 저서에서 출발해 1970~1980년대에 오늘날 양자물리학의 주요 개념 두 가지가 탄생했다. 하나는 이미 언급한 '결잃음'이고 다른 하나는 '보편화된 양자 측정positive-operator valued measure, POVM'이다. 지금도 연구 중인 이 두 개의 진보된 개념을 통해 진정한 양자 측정이라 할 수 있는 것의 많은 기이한 측면을 밝혀낼 수 있었다. 특히 측정 도구가 왜 고전적으로 행동하는지, 반면 이것을 구성하는 원자와 분자들은 왜 측정 도구를 양자적으로 만들어버리는지 이해할 수 있었다.

그러나 양자 측정과 관련해 해결되지 않은 의문점은 여전히 많다. 우선 측정 결과에서 우연이라는 것이 돌이킬 수 없이 존재한다는 점, 즉 양자이론이 근본적으로 확률론적인 성질을 지닌다는 점에서부터 의문은 출발한다.

그러나 여전히 더 어려운 질문이 있다. 측정 도구가 스스로 무엇처럼 행동해야 하는지 어떻게 알 수 있는가? 측정 도구를 구성하는 원자들이 측정 대상과 집단적 상호작용을 하여 이런 측정보다 저런 측정이 되기 위해 어떤 행동을 해야 하는지 어떻게 알 수 있는가? 예를 들면 에너지 측정보다 위치 측정이 되기 위해 말이다. 정말이지 의아한 질문이지 않은가?

6장

슈뢰딩거와 그의 고양이는 양자물리학의 핵심

상태들의 중첩과 얽힘 개념은 암호화, 양자 순간이동, 그리고 양자정보과학 같은 양자물리학의 최신 적용 분야의 핵심을 이룬다. 슈뢰딩거의 고양이라는 상징적 실험은 그 자체로 이 이론의 물리학적인 해석 문제를 드러내주었다.

앞 장에서는 양자 측정의 상당한 복잡성을 강조했지만, 양자 측정의 가장 기이한 면들을 보여주지는 않았다. 그러나 사실 훨씬 더 놀라운 다른 현상들이 80여 년 전부터 과학자들의 이성을 혹독한 시험대에 올려놓고 있다. 예를 들면 양자 상태의 중첩 및 얽힘은 공간 개념을 폐지하고 우리의 일반적 논리를 무색하게 했으며 과학자들을 최후의 보루까지 밀어붙이고 말았다. 그 결과 이들은 장난꾸러기 생쥐와 좀비 고양이가 등장하는 물리학의 동물우화집을 늘려야만

《 만일 네게 백만 프랑이 있으면 누군가 네게 백만 프랑을 줄 것이다. 만일 네게 백만 프랑이 없다면 누군가 네게서 그걸 빼앗을 것이다. **》**

크리스티안 로슈포르, 『세계는 두 마리의 말과 같다Le monde est comme deux chevaux』

하는 지경에 이르렀다!

슈뢰딩거와 아인슈타인이 그 형식화에 지대한 역할을 했던 이 현상들은 과학자들로 하여금 이 이론의 가장 뚜렷한 특수성 중 하나인 해석의 필요성에 관한 철학적 질문들을 제기하게 만들었다. 사실 양자물리학은 독자적이지 않다. 다른 물리학 이론들(역학이나 전자기학 같은 고전물리학)과 반대로 양자물리학의 수학적 형식은 그것의 물리학적 의미를 이해하도록 돕지 않는다. 이 수학적 형식은 해석을 필요로 한다. 중요한 문제는 이 해석이 하나가 아니라는 점이다. 오히려 정반대이다.

🦀 존재한다, 그리고 존재하지 않는다

동전 던지기를 할 때 앞면과 뒷면이 동시에 나올 수 있을까? 수성펜의 잉크가 검은색이자 흰색일 수 있을까? 회색이 되지 않고 말이다. 어떤 사물이 움직이는 동시에 멈춰 있을 수 있을까? 이곳과 저곳에서? 동시에 어떤 방향과 그 반대 방향을 향할 수 있을까?

이런 질문들은 언뜻 보기에 터무니없고 비현실적인 것처럼 보인다. 반대되거나 대립하는 것으로 인식되는 두 가지 현상이 어떻게 동시에 실현될 수 있을까? 생각으로서는 부득이하게 그런 현상을 접할 수도 있다. 철학자 파스칼이 말한 것처럼 말이다. "심오한 진리의 반대는 또 다른 심오한 진리이다." 이 말은 물리학자 닐스 보어가 도교적 향취(5장 참조)를 풍기는 그의 유명한 '상보성 원리'를 설명하기 위해 재사용한 바 있다.

생각으로서는 동의할 수 있다. 하지만 사물, 대상, 물리 현상들로서도 그것이 가능할까? 양자물리학은 그렇다고 답한다! 하지만 크게 놀랄 필요는 없다. 왜냐하면 양자물리학이 이런 주장을 하는 유일한 이론은 아니며 우리도 거의 매일 자신도 모르게 이런 경험을 하고 있기 때문이다. 예를 들어 바이올린의 현 하나가 진동하고 있을 때 그것이 정확히 단 하나의 음, 단 하나의 소리만 내지는 않는다. 이 딸림음의 배음(진동수의 배수가 되는 음)들이 있고 다른 소리들도 첨가된다. 바로 이 진동들의 총체가 서로 중첩되어 우리가 듣는 소리를 만들어낸다.

이러한 중첩 현상은 파동의 종류가 음파든 광파든 어떤 종류의 파동에도 유효하다. 2장에서 영의 이중 슬릿 실험을 살펴볼 때 이미 이러한 파동의 중첩을 살펴보았다. 그때 살펴본 파동은 수면의 동그라미들 또는 빛의 파동이었고, 그것들의 중첩은 파동의 세기가 0이거나 어두운 부위, 즉 파동 합의 세기가 0인 부위를 만들 수 있음을 알아보았다.

대상의 양자 상태는 파동(3장에서 이미 살펴보았듯 **파동함수** 또는 확률 파동이라고도 한다)으로 묘사되는데, 양자파동의 경우에도, 그리고 의미를 넓혀 이 파동과 관련된 양자 상태의 경우에도 정확히 똑같은 중첩 현상이 일어난다. 그리고 영의 이중 슬릿 시스템에서 하나씩 입사시킨 입자들(원자 또는 광자)의 경우 간섭 현상이 어디에서 비롯되는지 이해할 수 있었던 것도 바로 두 슬릿에서 나온 확률파동의 중첩 덕분이었다.

그런데 확률의 양자파동은 물리적이지 않다. 잊지 마시길! 이것은 우리 세계에 속해 있지 않다. 이것은 추상적인 수학적 세계에 존재하며, 이 파동의 세기는 이것이 어느 위치에 있든 이것을 통해 물체가 설명하는 확률에 관한 정보를 우리에게 알려준다. 그러므로 우연적 측면을 제외하면 양자물리학은 중첩 현상에서 완전히 새로운 어떤 것을 알려주지는 않는 듯하다.

그런데 양자물리학에서의 중첩 원리는 실로 혁명적이다. 모든 물리적 특성에 적용되기 때문이다! 에너지, 위치, 속도 혹은 회전운동 등 무엇이 되었든 그것의 양자 상태의 중첩을 선험적으로 만들어낼 수 있다. 예를 들어 하나의 원자는 둘, 셋, 또는 네 개의 다른 에너지들과 일치하는 양자 상태에 그것도 동시적으로 놓일 수 있다. 심지어 이 원자는 동시에 두 회전 방향을 합친 회전 상태에 존재할 수도 있다! 왼쪽으로 그리고 오른쪽으로.

움직이는 기차에서 방 정리를 할 수 있을까? 농담이지!

양자 상태의 중첩이란 개념을 일상의 언어로 이해시키려는 시도는 무모하다. 하지만 어떤 인식 또는 어떤 정신 상태의 모호함이 큰 도움이 될 수는 있다. 예를 들어 아버지가 아들에게 "루이, 네 방 정리 안 하는 걸 할 수 없겠니?"라고 물어본다면, 루이는 자기 방을 정리해야 할까 하지 말아야 할까? 아니면 혹시 누가 알겠는가만, 이 의혹의 순간 이중부정을 매개로 우리 안에 파고든 이 두 가지 가능성이 중첩되는 경우도 존재할까?

기차 안에서 겪을 수 있는 이상한 느낌도 마찬가지이다. 역에 서 있는 이 기차 옆에는 다른 기차도 있는데 둘 중 하나가 움직이기 시작한다. 어떤 것이 출발하는 기차인지 알 수 없는 이 찰나의 순간에, 두 기차의 움직임은 순전히 상대적인 것으로 보이며, 움직이는 것이 우리 기차인지 다른 기차인지 말할 수도 없고, 움직임과 정지를 동시에 겪는 중간적 상태에 있다고 느끼게 된다. 적어도 의식 내에서는 움직임과 '안' 움직임의 중첩 상태가 발생하며, 갑작스러운 깨달음이 이 중첩 상태를 어떤 유일한 상태로 결론짓는데 이런 것이 양자 측정이다.

인지과학 분야의 연구자들은 심지어 유머가 양자적으로 작동할 수 있으리라는 생각을 내놓고 있다. 그들에 따르면, 예를 들어 부조리한 농담에서 웃긴 것은, 이 농담을 이해한 순간이 아니라 두 개의 상반되는 생각, 혹은 해석이 우리 머릿속에서 어느 것 하나 우세하지 않고 대치하는 바로 그 순간일 것이라고 한다. 그래서 농담을 설명해야 한다는 것은 웃기지 않는 농담이란 뜻이라고들 하지 않는가?

간화선 역시 이 원리에 근거해 작동한다. 이 장 서두에 쓴 크리스티안 로슈포르의 인용문에서 말하는 것처럼.

양자 중첩 현상은 원자와 광자로 이뤄진 머나먼 초미시 세계에만 국한되지 않는다. 2010년 미국 샌타바버라 대학의 존 마티니스 John Martinis 교수 팀은 거시적 물체를 운동의 양자 중첩 상태에 놓는 데 성공했다. 문제의 물체는 길이가 60μm인, 즉 머리카락 한 올 두께의 작은 금속 막대였으며 정지와 진동운동이 동시에 결합된 상태에 놓일 수 있었다.

그렇다. 여러분은 눈에 보이는 물체가 꼼짝 않는 동시에 움직인다는 사실을 읽은 것이다!

안타깝게도 이런 양자 그네가 현미경 없이 보일 정도의 크기라고는 해도 '움직임과 안 움직임'의 중첩 상태를 직접 볼 수는 없다. 양자 측정 원리에 따르면 이 물체를 관찰하는 단순한 행위가 중첩 상태를 파괴해 이 물체를 두 가지 상태, 즉 정지하거나 움직이거나 중 하나로 만들어버린다. 그러므로 양자 측정은 '그리고'를 '또는'으로 바꾸는 것이다.

이 실험의 관건은 문제의 물체를 외부 환경으로부터 최대한 격리해 양자 중첩 상태를 가능한 한 오랫동안 유지하도록 하는 것이다. 결잃음을 유발하는 환경이라는 방해꾼은 물체와 상호작용하면서 측정과 비슷한 역할을 하여 매우 단시간(샌타바버라의 양자 그네의 경우 전형적으로 10억 분의 몇 초 정도)에 양자 중첩을 사라지게 만들 수 있기 때문이다.

🐚 큐비트, 암호화와 양자컴퓨터

양자 상태의 중첩을 가능한 한 오래 구현하는 것은 기술적으로 매우 중요하다. 바로 이 기이한 중첩 상태로부터 저 유명한 양자비트가 만들어지기 때문이다. **큐비트**qubit라고도 불리는 양자비트는 정보과학과 **양자 암호화** 분야의 토대가 된다.

기술적으로 말하면 큐비트는 두 가지 양자 상태를 가진 계이다. 이것은 물질적(예를 들면 원자 또는 전자) 또는 비물질적(광자) 대상일 수 있다. 큐비트는 고전적 정보 비트의 양자적 대응물이며 양자정보과학의 기본 단위이다.

고전적 정보과학에서 비트는 0과 1로 표시되는 잘 정의된 두 개의 값만 취할 수 있는데, 0과 1은 각각 전압이나 전류 같은 고전적 물리량의 다른 상태와 연관되어 있다. 그러므로 비트도 큐비트처럼 두 가지 상태를 가진 계이지만 비트는 두 가지 가능한 상태 중 하나, 즉 0이거나 1이지 동시에 0과 1은 아닌 상태에서만 존재할 수 있다는 점이 다르다.

양자물리학에서는 이런 제약이 더 이상 적용되지 않는다. 큐비트는 0 또는 1의 두 가지 상태 중 하나에서도 존재할 뿐 아니라 어떠한 중간적 상태에서도 존재할 수 있다. 즉 '0 조금 1 많이', '0 절반 1 절반', '0 엄청 많이 1 거의 없음' 등도 가능하다. 이와 같은 중간적 상태들은 0과 1의 양자 상태로 만들 수 있는 모든 중첩과 일치한다.

그렇다면 큐비트는 어떤 분야에 그토록 이익이 되는가? G20 국가들과 세계적 기업인 구글, IBM, 인텔, 마이크로소프트 등이 왜 수십억 유로를 투자해 큐비트의 수명을 연장하고 그것의 편의성과 신뢰도를 개선하려고 하는가? 주로 양자 암호화와 양자정보과학이라는 두 분야에 적용시키기 위해서이다.

고전적 암호화의 몇 가지 개념

양자 암호화는 고전적 암호화의 양자 버전이다. 고전적 암호화는 두 사람 간의 메시지를 전달하는 기술로 제3자가 메시지를 가로채 읽을 위험을 최소화하는 것이다. 고대 메소포타미아에서, 그리고 사마르칸트의 아랍 학자들이 사용했던 문자 순서 바꾸기 또는 문자 교체 방법에서부터, 에니그마Enigma 기계와 제2차 세계대전

때 로런츠Lorentz 암호기를 거쳐, 소수素數 사용에 근거하는 오늘날의 알고리즘에 이르기까지 많은 암호화 기술이 수천 년 동안 세계 곳곳에서 사용되어왔다.

일반적으로 암호화를 통한 메시지 교환은 메시지를 암호로 쓰는 것이다. 메시지를 일련의 알 수 없는 상징들(예를 들면 0과 1을 연달아 쓴다)로 바꾼 뒤 수신자에게 보내면 수신자는 키key를 사용해 그것을 이해할 수 있는 메시지로 바꾼다. 키 없이는 해독할 수 없기 때문에 메시지는 공개될 위험이 있지만 키는 대개 보안이 유지되며 발신자와 수신자만 알 수 있다. 다양한 행위자와 메시지들이 관련되어 있을 때 문제는 수많은 키의 기밀 교환으로 옮겨지는데, 이때 키 자체도 암호화된다.

현대 암호화의 선도 기술인 RSA 체계는 1977년에 이것을 개발한 리베스트Rivest, 샤미르Shamir, 에이들먼Adleman의 이름을 딴 것으로, 암호화된 키들을 공개적으로 교환하되 매우 큰 수를 이용하여 키를 암호화한 뒤 교환하는 것이다. 여기서 매우 큰 수란 매우 큰 소수(소수란 1과 자기 자신으로만 나누어떨어지는 수를 말하며 2, 3, 17, 421, 1979 등이 있다) 둘을 곱한 값이며 두 소수 중 하나를 수신자가 알고 있다.

따라서 어떤 스파이가 키를 알아낸 뒤 그것과 일치하는 메시지를 해독해내려면 곱해서 키가 되는 소수 두 개를 찾아내야 한다. 그런데 두 개의 소수가 매우 클 경우 이 작업은 슈퍼컴퓨터를 사용해도 극도로 어렵다(물론 수신자에게는 이 작업이 매우 간단하다).

고전적 암호화 과정의 신뢰도와 보안성은 사실 잠재적 스파이들이 사용할 컴퓨터의 계산 능력과 시간에 달려 있다. 고전적 컴퓨터의 경우 그러한 능력이 제한적이므로 위험이 작지만, 양자컴퓨터의 이론적 능력은 거의 무한하므로 현대 모든 암호화 체계를 위험에 빠뜨릴 수 있다.

양자컴퓨터에서 기본 연산(저 유명한 논리 게이트)은 고전적 비트가 아닌 큐비트, 즉 양자비트를 통해 이루어진다. 그런데 우리가 이미 살펴보았듯 큐비트는 반드시 0의 상태나 1의 상태 둘 중 하나일 필요가 없고, 이 두 상태의 중첩, 즉 동시에 두 가지 상태에 있을 수도 있다. 그 결과 큐비트에 의거한 기본 정보처리 연산은 동시에 0의 상태 그리고 1의 상태인 중첩 상태에 근거해 이루어질 수 있다. 반면 고전적 비트에 근거한 기본 연산은 두 개의 다른 연산(하나는 0의 상태에, 다른 하나는 1의 상태에 근거한 연산)을 필요로 할 것이다.

두 개의 큐비트로는 $2^2 = 4$, 즉 4가지 연산이 00, 01, 10, 11 상태에 근거해 나란히 이뤄진다. 세 개의 큐비트로는 $2^3 = 8$, 즉 8개의 연산이 000, 001, 010, 011, 100, 101, 110, 111 상태를 기반으로 이뤄진다. 일반화하자면 N개의 큐비트로는 2^N개의 연산이 동시에 실행된다. 따라서 큐비트 개수에 따른 양자컴퓨터의 능력은 고전적 컴퓨터보다 어마어마할 정도로 훨씬 강력하다!

이와 같은 양자적 능력과 고전적 능력의 차이점을 이해하기 위해 이런 비유를 생각해볼 수 있다. 세계지도에서 민주국가에 붉은색으로 칠하고 싶다고 가정해보자. 고전적 방식으로는 각 나라에 관해 알아보고 민주국가로 조회된 나라를 하나씩 색칠해야 할 것이다. 그러나 양자적 방식으로는 질문만 입력하면 단번에 민주국가가 모두 붉은색으로 변한다.

양자 패권과 결잃음

50큐비트라는 양자 패권의 상징적 한계는 2017년에 이미 넘어섰고 일부 분석가들은 2030년경 100만(!) 큐비트를 초과할 것으로 예상한다. 그러나 여러 가지 기술적 제약으로 인해 양자컴퓨터의 놀라운 능력이 아직은 충분히 개발되지 못하고 있다.

그중에서도 환경과의 불가피한 상호작용으로 인한 결잃음 현상이 가장 문제가 된다. 왜냐하면 데이터의 계산 및 저장의 최대기간을 상당히 제한하기 때문이다. 재프로그래밍reprogramming의 어려움과 양자컴퓨터의 제한된 입출력 수로 인해 오늘날 양자컴퓨터는 제한적으로 사용되고 있으며, 그에 따라 양자컴퓨터로 어떤 문제에 대응하는 가능한 해법들 또는 데이터의 조합들과 데이터 자체를 탐색하는 데 어려움이 있다. 양자컴퓨터의 주요 적용 분야는 데이터베이스 내에서 신속한 검색, 복잡한 시스템의 시뮬레이션(기상학, 바이오 정보과학, 인공지능, 재료물리학), 그리고 당연히 암호화 분야도 포함된다.

비교하자면 양자컴퓨터는 단 50큐비트만으로도 오늘날 최상의 고전적 슈퍼컴퓨터의 능력을 뛰어넘을 것으로 추측된다. 300큐비트로는 연산능력이 미지의 영역에 진입할 것으로 예상되는데, 거기서는 동시에 실행되는 기본 연산의 수가 우주 전체의 원자 수를 초과할 것으로 예상된다.

현재 암호 코드(128쪽 '고전적 암호화의 몇 가지 개념' 참조)를 부수는 궁극의 키는 소수를 곱한 값인 큰 수의 인수분해이며 이것은 양자컴퓨터만의 전유물로 보인다. 그러나 양자컴퓨터의 성능이 고전적 프로세서의 성능에 필적하려면 아직 많은 시간이 필요하다(고전적 프로세서는 막대한 양의 대조작업 후 오늘날 230개 넘는 자릿수의 숫자들을 인수분해할 수 있다).

양자컴퓨터는 큰 수들의 인수분해에서 진보한 것으로 그치지 않는다. 단 몇 년 만에 양자 방식으로 인수분해되는 수는 두 자릿수에서 여섯 자릿수로 진화했고 향후 10년 안에 또 다른 진보가 기대된다. 국가들과 세계적 기업들은 양자 군비 분야에서 뜨거운 경쟁을 벌였으며 암호화 분야의 (양자적) 최초 패권자가 되리라 기대하고 있다.

이러한 혁명에 대처하기 위해 두 가지 대안이 출현했다. 첫 번째 대안인 '양자내성post-quantum'이라는 (고전적) 암호기술은 양자컴퓨터로 공격할 수 없다고 간주되는 새로운 암호화 알고리즘에 의지하고 있다. 또 다른 대안인 '양자 암호기술'은 어떠한 방식의 스파이 활동으로도 침범할 수 없는 보안 상태를 달성하고자 양자 현상들을 사용한다.

큐비트의 교환에 기초한 양자 암호화는 두 가지 양자 현상에 토대를 두고 있는데, 이 두 현상은 양자정보과학 측면에서는 역설적으로 장애물로 인식된다.

첫 번째 현상은 양자 측정과 관련 있다. 만일 스파이가 암호화된 메시지를 가로채 읽으려고 하면 양자 메시지를 구성하는 중첩 상태들이 돌이킬 수 없이 파괴되어 다른 상태(읽기 작업과 관련된 측정의 고유 상태)로 바뀔 것이다. 그러므로 스파이가 메시지를 읽고 이것을 바로 수신자에게 돌려보낸다고 하더라도 수신자는 교환된 큐비트의 일부를 발신자와 비교함으로써(교란된 큐비트의 비율이 25%를 초과하면 실제로 스파이 활동이 있다고 추정한다) 메시지가 스파이에게 노출되었음을 알 수 있을 것이다.

두 번째 현상은 '양자 복제불가'이다. 양자 상태들의 중첩을 정확히 복제하는 것이 불가능하기 때문에 스파이가 코드화된 메시지를 가로챌 수 없고, 따라서 나중에 읽을 복사본을 만들 수도 없으며, 들키지 않고 수신자에게 원본을 돌려보낼 수도 없다.

이론상으로 이 두 현상의 결합은 양자 암호화에 절대적 보안과 신뢰성을 부여한다. 물론 실제로는 문제가 훨씬 까다롭지만 여러 기업과 국가들은 현재 민감한 데이터를 교환할 때(특히 전자투표와 은행 거래) 양자 암호화 시스템을 사용하고 있다.

🐚 얽힘에서 순간이동으로

양자 얽힘은 물리학에서, 그리고 더 나아가 과학에서 가장 비범하고 가장 당혹스러운 현상임이 틀림없다. "상호작용하는 입자들은 서로 얼마나 떨어져 있든 연결된 채 존재할 수 있다."

물론 떨어져 있으나 연결된 상태가 시간 속에 보존되려면, 연결 정보를 지우거나 뒤섞을 수도 있는 불필요한 다른 상호작용에 의해 입자가 심하게 교란되지 않도록 해야 한다. 이런 조건이 충족되면 얽힌 입자들의 쌍은 동일한 하나의 개체처럼 행동한다. 그러므로 두 입자 중 하나에 어떤 변경이 생기더라도 즉시 나머지 하나에 똑같은 형태의 변경이 초래되며 심지어 두 입자가 엄청나게 멀리 떨어져 있더라도 마찬가지이다.

얽힘 이후 입자들은 마치 보이지 않는 실로 연결된 것처럼 고전 물리학의 틀로는 전혀 이해할 수 없고 물리적이지도 않은 일종의 상호작용을 한다. 이 연결은 물질적이지 않으며 이를테면 빛에서 비롯된 어떤 힘이나 알려진 상호작용에서 유래하지 않는다. 이것은 공간과 시간을 넘어선 연결이다. 이것은 슈뢰딩거와 아인슈타인이 각각 개별적으로 1930년대 중반에 과학계로 도입해온 전형적인 양자적 연결이다(이런 종류의 연결된 입자들의 양자적 얽힘을 표현하기 위해 '얽힘'이라는 단어를 만들어낸 것도 바로 슈뢰딩거이다).

과감한 비유를 들어보자. 어떤 바퀴의 회전 상태, 즉 한 방향(예를

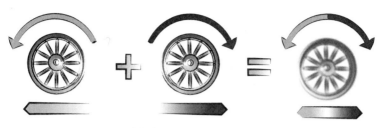

두 바퀴 각각의 상태가 하나로 중첩된다

들어 시계 방향)과 또 다른 방향(반시계 방향)의 회전 상태들을 상상해보자. 고전적 세계에서는 분명 바퀴가 한 방향 또는 반대 방향으로만 돌 수 있으며 동시에 두 방향으로 돌 수는 없다. 반면 양자 세계에서는 우리가 이미 살펴보았듯 이런 제약이 제거될 수 있고, 물체는 주어진 두 가지 상태 사이의 '중첩 상태'라 불리는 중간적 상태에 놓일 수 있다. 그렇다면 비유를 구체화하기 위해 두 회전 방향이 동시에 실현되는 중간적 상태에 바퀴를 놓을 수 있다고 가정해보자. 이때는 서로 반대되는 방향의 회전 상태들이 중첩된 상태이다.

물론 회전 측정 시에는 양자 측정의 원리에 따라 한 방향의 회전만 특정 확률로 얻어질 것이다. 예를 들어 만일 중첩이 두 회전 방향 사이에 공평한 분배를 보이면 각각의 회전 방향을 얻을 확률은 똑같이 0.5일 것이다. 즉 한 방향으로 회전할 확률이 50%, 반대 방향으로 회전한 확률이 50%가 된다. 그러므로 이 중첩 상태는 전체 회전이 0인 상태라고 규정할 수 있을 것이다. 이 명칭이 현상을 너무 고전적으로 시각화한 것에 따른 것이긴 하지만 말이다.

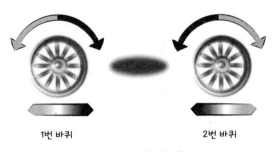

1번 바퀴   2번 바퀴

회전하는 두 바퀴의 얽힘

　사실 얽힘은 하나가 아닌 두 바퀴와 관련돼 있다. 그렇다면 이 두 바퀴를 전체 회전이 0인 중첩 상태로 준비시킬 수 있다고 상상해보자. 이때 각각의 바퀴를 별개로 고려하는 경우와 두 바퀴를 한 몸으로 고려하는 경우가 있다. 즉 두 바퀴는 바퀴 각각에 대한 상태들의 중첩된 형태가 된다. 1번 바퀴가 한 방향으로 돌면 2번 바퀴는 반대 방향으로 돌고, 그 역도 마찬가지이다. 이 상태가 언뜻 보기엔 구현하기 어려워 보이지만 실제로는 전 세계 실험실 어디에서나 얻을 수 있다(예를 들어 어떤 결정체들은 입사되는 광자 하나를 이런 종류의 얽힘 상태를 지닌 광자 두 개로 변화시킬 수 있다).

　그러므로 두 바퀴는 각기 '한 방향으로도 돌고 반대 방향으로도 도는' 중첩 상태에 있으며, 각각의 바퀴가 한 방향으로 돌거나 반대 방향으로 도는, 분명히 정의된 상태를 나타내는 것은 회전을 측정할 때뿐이다.

　이런 얽힘 상태에서 가장 황당하고 미스터리한 면은 두 바퀴 중

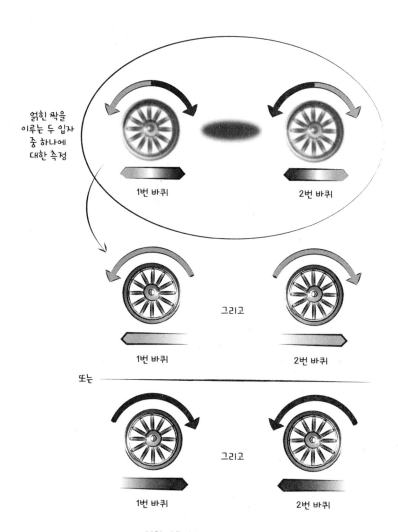

얽힌 짝을
이루는 두 입자
중 하나에
대한 측정

1번 바퀴

2번 바퀴

그리고

1번 바퀴

2번 바퀴

또는

그리고

1번 바퀴

2번 바퀴

얽힘 이후의 완벽한 상관관계

하나에 실행한 회전 측정이 즉시 다른 바퀴에 영향을 미친다는 점이다! 예를 들어 1번 바퀴에 회전 측정을 실시한 뒤 이 바퀴가 시계 방향으로 도는 것을 본다면, 2번 바퀴는 즉시 반시계 방향의 회전 상태에 던져질 것이다. 즉 이 바퀴는 (이후 2번 바퀴의 회전을 측정하면 이 점을 확인할 수 있는 것처럼) 반대 방향으로 돌 것이다.

여기서 당혹스러운 점은 2번 바퀴의 상태가 변경되었는데 이 바퀴에 어떤 측정도 하지 않았다는 점이다. 그리고 이 상태는 우연히 바뀐 것이 아니고 1번 바퀴와 상관된 방식으로 바뀌었다. 2번 바퀴의 상태는 1번 바퀴의 상태와 직접적이고 즉각적인 관계에 있다. 만일 두 바퀴 중 하나가 한 방향으로 회전하는 것이 관찰된다면 다른 바퀴는 즉시 반대 방향으로 도는 것을 볼 수 있으며 그 역도 마찬가지이다.

순간이동은 양자적 실재!

오늘날 우리는 광자, 전자, 원자, 분자 그리고 심지어 작은 결정체에 이르기까지 모든 종류의 얽힘 쌍을 만들어낼 수 있다. 얽힌 입자 간 연결의 즉각성에 관한 최근 실험들에 따르면, 입자들 간의 물리적 소통이 있다면 아마도 빛의 속도보다 1만 배 빠르게 이루어질 것이다! 얽힘 거리에 관한 기록은 2017년 중국의 한 팀이 보유하고 있다. 이들은 지구와 양자실험 전용위성의 거리 1,200km

에 걸쳐 두 광자의 얽힘을 유지하는 데 성공했다.

실제로 얽힘 상태가 암호화와 양자정보과학 분야에서 점점 더 많이 쓰이고 있지만 주된 사용 분야는 바로 세간의 화제인 양자 순간이동이다. 하지만 주의할 점이 있다. 이것은 SF 영화에 나오는 것 같은 순간이동과는 아무런 관계가 없다! 양자 순간이동에서 순간이동되는 것은 물질도(그리고 사람은 더더욱 아닌) 에너지도 아닌 정보이다. 이 정보는 다름 아닌 한 입자의 양자 상태이며, 바로 이 양자 상태가 측정 시 입자들의 얽힘을 통해 또 다른 입자까지 원격으로 즉시 전송된다. 이 과정은 외관상으로만 즉각적인데, 고전적인 통신의 경로도 필요하기 때문이다. 이 고전적 통신경로는 전송된 양자 상태를 확정적으로 완료하는 데 사용되지만, 그럼으로써 빛의 속도보다 빠르게 정보를 전송하리라는 희망을 모두 막아버린다.

양자 팩스에 대해서도 말할 수 있다. 양자 순간이동 현상을 머릿속에 그려보면 종이 위에 쓰인 정보가 물질의 이동 없이 또 다른 종이 위로 원격 전송되는 팩스 전송에 아주 가깝기 때문이다. 그러나 고전적 팩스의 경우와 반대로, 양자물리학에서는 어떤 대상의 복제가 불가능하므로 양자 팩스 모형이 무참히 파괴될 수 있다.

오늘날 양자 순간이동은 실재한다. 다음과 같은 다양한 계를 가지고 이것을 구현할 수 있다. 광자, 전자, 원자, 그리고 심지어 원자들의 가스, 즉 미시적이지 않은 계까지도! 양자 순간이동 거리에 관한 기록은 2015년의 1,400km로, 중국의 판젠웨이潘建偉 교수 팀이 보유하고 있다.

더 보편적으로 정리해보자. 얽힌 입자 두 개가 있다고 할 때, 둘 중 하나에 어떤 측정이든 하면 즉시 다른 입자에 영향을 미치며, 이 측정 이후 두 입자의 상태는 완벽한 상관관계에 놓인다. 그리고 이 점은 두 입자가 서로 얼마나 떨어져 있든 마찬가지이다. 예를 들어 우리가 만든 이 얽힌 양자 바퀴의 비유에서 회전 측정을 하기 전에 바퀴 하나는 지구에 두고 다른 하나는 화성으로 보낸다고 상상해보자. 얽혀 있는 두 바퀴가 그만큼 멀리 떨어져 있다 해도 결과는 바뀌지 않을 것이다!

얽힘 현상은 비국소적이라고들 한다. 즉 거리를 무시한다는 것이다. 한 물체는 그것과 가까운 환경에 의해서만 영향을 받을 수 있다고 규정한, 매우 직관적인 국소성의 원리를 따르지 않는다.

그런데 얽힘 현상을 사용해 빛보다 빨리(현대 물리학의 또 다른 기둥인 아인슈타인의 상대성이론을 어기면서) 정보를 전달할 수 있을까? 예를 들어 우리 친구 바비에게 얽힌 입자 두 개 중 하나를 보낸 다음, 가지고 있는 나머지 입자에 대해 측정을 실시하면 바비는 자신에게 온 파트너 입자가 갑자기 변경되는 것(즉각적 정보 전송을 포함해)을 보게 될까?

답은 '아니요'이다. 적어도 양자물리학의 표준해석(코펜하겐 해석)의 틀 안에서는 아니다. 사실 측정 결과의 우연성 때문에 우리 친구 바비는 어떤 측정을 통해서도 우리가 했던 첫 번째 측정 전과 후 사이에서 입자에 변화가 일어나는 것을 관찰할 수 없다.

🦀 얽힘 고양이가 말문을 막다!

1935년 슈뢰딩거와 아인슈타인이 양자물리학의 수학적 틀로 설명할 수 있는 얽힘 현상의 기이함을 지적한 것은 단지 이 기이함이 잘못 인식되고 있음을 강조하기 위해서였다. 그들에 따르면 얽힘은 진실로 존재하지만 양자적 기이함에서 비롯된 것은 아니다. 이 원격 작용의 기이함은 얽힘 현상에 내재된 것이 아니라 단지 계산에, 그러니까 표준 양자물리학이 이 현상에 부여한 수학적 묘사에 있었다.

양자 상태들의 완벽한 상관성에 대한 그들의 설명은 간단하다. 상관관계에 있는 입자들의 상태는 저 유명한 장갑의 비유가 말해주듯 실제로 측정 이전에 결정되어 있었다는 것이다. 장갑 한 켤레가 있는데 임의적으로 하나씩 가방 두 개에 넣어 멀리 떨어진 두 나라로 보냈다고 하자. 어느 짝이 어느 가방에 있는지 모른다 해도 가방 하나를 열기만 하면 또 다른 가방에 어느 짝이 있는지 즉시 알게 된다! 그리고 이것은 두 가방이 얼마나 멀리 떨어져 있든 마찬가지이다. 그러므로 이것은 전혀 미스터리하지 않으며 가방 하나를 들여다보는 행위는 장갑들에 아무런 영향을 주지 않는다.

각자의 이름보다는 성의 첫 글자를 딴 'EPR'로 널리 알려진 아인슈타인, 포돌스키Podolsky, 로젠Rosen에게 얽힘 현상의 비국소성은 표면적인 것일 뿐이었다. 그들은 장갑의 비유에서처럼 얽힌 입자들의 상태가 미리 결정되어 있다는 점을 알려주기 위해 표준 양자물리학의 미지의 물리량, 즉 '숨겨진 변수'라는 매우 합리적 명칭을 가진 것이 틀림없이 존재한다고 주장했다.

그러나 여러 해 동안 양자물리학의 표준이론과 아인슈타인 및 동료들의 '숨겨진 변수' 이론 간에 명확한 결론이 나지 않았다. 게다가 이 문제는 1964년 존 벨John Bell이 등장하기까지, 물리적이라기보다 철학적인 문제로 간주되었다. 1964년, 아일랜드의 물리학자 존 벨은 측정 전에 얽힌 입자들의 결정된 상태를 미리 알 수 있는 방법을 생각해냈다!

그때부터 다양한 실험이 이뤄졌는데, 가장 유명한 것은 이론의 여지없이 1981년 프랑스 물리학자 알랭 아스페Alain Aspect의 으며, 실험이다. 비록 2015년까지 기다려서야 아스페의 결론을 피하게 할 수 있는 결점은 없다는 점이 분명해졌지만 말이다. 아스페의 실험 결과는 결정적이었으며, 양자 얽힘의 비국소성은 실재임이 입증되었다. 그러므로 모든 일은 마치 얽힌 두 입자 사이에 공간이 전혀 존재하지 않는 것처럼 일어난다고 할 수 있다!

1935년 슈뢰딩거는 불쌍한 고양이를 등장시켜 이 **양자 얽힘** 현상에서 부조리하다고 생각되는 점을 설명하기로 결심했다. 역사의 아이러니인지, 그의 사고 실험 **슈뢰딩거의 고양이**는 너무나 유명해져 오늘날 양자적 기이함의 실재를 보여주는 상징(슈뢰딩거방정식과 함께)이 되었다.

1935년에 고안된 이 시나리오는 살아 있는 고양이 한 마리를 방

슈뢰딩거의 고양이 사고 실험

음장치가 된 불투명한 상자에 가두는 것이다. 그리고 그 안에는 고양이를 예기치 못한 순간 죽음으로 내몰 양자적 장치가 들어 있다. 이 사악한 장치는 다음과 같은 양자적 사건이 생길 때만 작동된다. 예를 들어 어떤 방사성 원자의 핵분열이 일어나면 이것을 시동장치 삼아 맹독이 방출되는 것이다.

시간이 지날수록 이 양자적 사건의 확률은 증가하고 그에 따라 고양이가 죽을 확률도 증가한다. 반감기라고 불리는 일정 시간이 지나면 이 확률은 0.5가 되는데, 다시 말해 고양이가 살아 있을 확률이 50%, 죽어 있을 확률이 50%가 된다.

지칠 줄 모르는 탐험가들

양자물리학에서 슈뢰딩거와 아인슈타인을 고집 센 반대자들로 생각하지 않도록 주의하시길! 그들은 양자물리학의 주요 창립자이지만 또한 자신들의 주장과 믿음을 의심할 줄 알았으며 자신을 명예롭게 만들어준 발견들을 다시 짚어볼 줄도 알았다. 그들은 이 이론의 아버지라는 명칭을 받았어도 늘 이 이론의 토대에 의문을 가지고 연구했다.

과학의 역사가 그들을 비난한 것처럼 보일지 모르지만 양자물리학의 결점에 대한 그들의 지칠 줄 모르는 탐구는 이 이론의 여러 적용 분야의 원천이 되고 이 이론의 가장 창의적이고 강력한 원천 중 하나가 되었다.

그때 이후 슈뢰딩거의 사고실험은 여러 실험을 통해 구현되었는데, 아주 다행히도 고양이가 아닌 원자와 광자들이 사용되었다는 점을 기억해두자. 그리고 물리학자 데이비드 와인랜드David Wineland와 세르주 아로슈Serge Haroche는 슈뢰딩거 고양이와 같은 결잃음 현상에 대한 실험적 연구로 2012년 노벨상을 수상했다.

그렇다면 왜 얽힘에 대해 말하는가? 그것은 이 장치 안에서 고양이와 원자의 상관관계가 완벽하기 때문이다. 방사성 원자가 핵분열을 일으키면 고양이는 죽고, 원자가 그대로 있으면 고양이는 산다. 그러므로 반감기가 지나면 '고양이+원자'의 계는 '죽은 고양이−핵분열된 원자'와 '살아 있는 고양이-그대로인 원자'가 얽힌 상태가 되고 각각의 가능성은 같은 확률을 갖는다.

그런데 이것은 말하자면 그렇다는 것인가, 아니면 고양이가 정말로 반은 죽어 있고 반은 살아 있는 좀비 상태에 있다는 것인가? 우리를 어이없게 만드는 이 질문은 만들어졌을 때부터 언제나 과학자들을 당황시키고 있다. 하지만 이 질문은 양자물리학의 기본 특성인 해석 제공의 필요성에 대해 인식하도록 하는 계기를 제공했다.

✿ 교향곡은 해석을 모색한다

새로운 언어, 새로운 사고와 관찰 방식 등 양자 세계의 발견에 비할 만한 혼란스러움은 거의 없다. 양자물리학은 본질적으로 새로움의 과학이다.

이것은 실재하는 것 또는 적어도 우리가 '실재'라고 부르는 것에 관한 우리의 일상적 표현방식을 송두리째 흔들고 있다. 1920년대에 방정식들이 정립된 이후 양자물리학에서 세계를 설명해주는 다양한 해석이 등장한 것은 당연한 일이라 할 수 있다.

양자물리학이 다양한 공식(이를테면 고전역학과 수학적으로는 같지만 완전히 다른 공식이 10여 개 있다)을 보유한 유일한 이론은 아니지만 해석의 다양성 덕분에 그 독창성이 빛나고 있다. 심지어 양자물리학의 어떤 창립자나 오늘날의 사상가도 양자물리학의 방정식과 원리들과 현상들에 관해 똑같은 해석을 공유하지 않는다고까지 말할 수 있다!

이것은 과학사에서 유일한 사건이다. 이 이론에는 다의성이 내재되어 있으며 100년 전부터 나타난 수십 개의 해석 중 어느 하나에 호의적인 결론을 내릴 수도 없다. 결국 이 이론을 이해할 때 일치된 의견은 바로 해석의 다양성이라고 할 수 있다.

프랑스의 시인 장피에르 시메옹Jean-Pierre Siméon의 말을 인용하자면, 양자물리학을 읽는 것은 매번 "능동적이고 독창적이며 뜻밖인, 그러니까 대단히 자유로운 이해방식을 개발하는 데 필요한 의식"을 단련하는 것이다.

예를 들어 어떤 물리학자에게는 관찰과 측정 결과만이 중요하다. 나머지는 순수한 철학적 사색이며 실재에 영향을 주지 못한다. 실재는 오로지 측정 도구의 화면이나 눈금이 우리에게 알려주는 것을 통해서만 구성된다.

더 강조되는 것은 측정이다. 이것은 물리적인 측정을 실현하는 행위이며 바로 이 측정이 관측된 결과를 창조하는 것처럼 보인다. 예를 들어 슈뢰딩거의 고양이 실험의 경우, 죽었거나 살아 있는 상태의 중첩을 파괴해 우연히 그 고양이를 죽었거나 살아 있는 동물로 바꾸는 것은 바로 고양이를 관찰하는 행위(상자를 열어서 혹은 상자 안에 설치한 특수 탐지기를 통해서)이다.

측정의 문제, 결잃음, 그리고 의식의 역할

코펜하겐 해석을 통해 제거되는 장애물이 아주 많다는 점을 알아야 한다. 그중 첫째는 '양자 측정'의 문제이다. 측정의 최종 결과에서 나타나는 우연성은 두 측정 사이의 변화를 규정하는 법칙인 슈뢰딩거방정식과 수학적으로 양립할 수 없다. 그리고 오늘날 이 우연성의 수학적, 물리학적 또는 철학적 기원에 관한 합의는 존재하지 않음을 분명히 알아두자.

그리고 이 점은 이미 언급한 '결잃음'이라는 (객관적) 현상을 고려해도 그렇다. 결잃음은 물체 내부의 상호작용 또는 물체와 외부 환경의 상호작용 결과, 상태의 중첩이나 얽힘처럼 대상의 양자적 특성이 신속하게 소멸됨을 의미한다. 예를 들어 슈뢰딩거 고양이의 경우, 결잃음은 살아 있든 죽어 있든(다른 결과는 없음) 왜 한 가지 결과를 얻을 수 있는지 설명해주지만, 똑같은 초기 조건을 가지고 상자를 열 때 왜 고양이가 때로는 죽은 채로 때로는 산 채로 발견되는지는 알려주지 않는다.

게다가 우리는 측정 도구와 측정 대상, 즉 주체와 객체의 경계가 무엇인지도 모른다. 어떤 이들은 의식(인간의 또는 인간이 아닌 것의 의식)이 측정 과정에서 역할을 할 것이라고 주장하기도 한다. 이것은 수많은 질문을 초래한다. 고양이가 든 상자를 연 것이 어떤 친구라면 이 친구 역시 죽어 있음-살아 있음 상태에 놓여 있는가? 상자를 열기 전 고양이 자체의 의식은 어떤 역할을 하는가?

마찬가지로 이 접근법에 따르면 어떤 입자는 관찰되지 않으면 존재하지 않으며, 그것을 보려고 노력할 때만 물질이 된다. 이 같은 해석의 틀 안에서 통상적 의미의 실재는 측정 도구와 별개로 존재하지 않으며 측정 도구 덕분에 실재가 끊임없이 재창조되고 함께 창조된다.

이러한 접근방식을 권장하는 학파 중 가장 널리 알려진 것은 코펜하겐 학파(1920년대 덴마크의 보어와 하이젠베르크 같은 학자들이 이 학파를 형성한다)이다. 현상학자 모리스 메를로퐁티의 말이 이 관점을 잘 요약해준다. "우리가 세계를 정말로 지각하고 있는지 자문할 필요는 없다. 반대로 이렇게 말해야 한다. 세계는 우리가 지각하는 그것이다."

또 다른 저명한 과학자들은 관측 가능한 세계에 대한 이 같은 주관적 입장에 반대했다. 이를테면 아인슈타인은 측정 도구를 통해서만 사물이 존재할 수 있다는 생각과 두 측정 사이에서는 사물 자체의 정체성을 잃어버린다는 생각을 반박했다. 친구 슈뢰딩거의 저 유명한 고양이를 본떠 그는, 달은 누군가 그것을 보지 않으면 그곳에 존재할 수 없으며 의식을 가진 존재, 예를 들면 생쥐가 달을 보는 단순한 행위를 통해 달이 비로소 존재할 수 있다고는 도저히 생각할 수 없다고 선언했다.

아인슈타인은 시인 보르헤스의 말에 동의했다. "사물을 보려면 그것을 이해해야 한다!" 그는 이론만이 관측 가능한 것을 우리에게 말해줄 수 있다고 여기는 반면, 보어(그리고 하이젠베르크, 디랙과 코펜하겐 학파 지지자들)는 그 반대 입장이었다. 사물을 이해하려면 그것을 보고 측정해야 한다는 것이다. 실재가 무엇인지 말해주는 것은 관찰이며 그 뒤에는 아무것도 없다. 숨겨진 이상적이며 플라톤적인 세계는 없다. 최선의 경우 그런 세계가 실제로 존재한다면 접근 불가능하거나 철학자 베르나르 데스파냐Bernard d'Espagnat의 말을 빌리면 영원히 "베일에 싸인 채로" 존재할 것이다.

아인슈타인이 주장하는 핵심이 얽힘과 순간이동 현상에서 나타나는 양자적 비국소성처럼 부정할 수 없는 실험적 사실들과 모순되는 것으로 드러났지만, 그럼에도 불구하고 그의 잠재적 사고는 수많은 연구자로 하여금 지배적인 '코펜하겐' 학파를 대체하는 경로를 탐색하도록 이끌었다.

최근에 가장 유행하는 해석 중 하나는 **다세계 해석**이다. 슈뢰딩거가 1930년대에 이 해석의 몇 가지 토대를 제공한 바 있으나, 미국의 휴 에버렛Hugh Everett이 1957년 이것을 명확히 정립했다. 이 접근법에 따르면 양자 측정 결과에 우연성은 없다. 왜냐하면 각각의 결과는 잘 도출된 것이며 각기 하나의 평행 우주에 존재하기 때문이다!

상호작용이 없다면 이 평행우주들은 새로운 측정을 할 때마다, 즉 수만 분의 1초마다 분신술처럼 늘어난다! 그러므로 이 해석에 따르면 평행 세계들의 한없는 급증 덕분에 양자물리학의 우연성 문제가 제거된다.

다세계 해석

SF 영화에나 나올 법한 이 접근법이 이상해 보일 수 있다. 그러나 과학계 안에 신봉자가 끊임없이 확산되는 것은 이 접근법이 측정 문제를 간단히 해결해버리기 때문이다. 비록 정체성 상실(나는 무한한 세계 중 어디에 있는가?)이 몇 가지 존재론적, 심리적 문제를 불러오긴 하지만!

양자 일기예보에 나타나는 봄의 물방울들

또 다른 해석들은 아인슈타인이 도입한 해석처럼 '숨겨진 변수' 개념에 의지하고 있다. 그런데 숨겨진 변수가 이번에는 비국소적이다. 다시 말해 관찰되는 입자 근처만이 아니라 넓은 공간(게다가 모든 공간)에 영향을 미친다. 이 해석들 중 가장 상징적인 것은 **드브로이-봄**Broglie-Bohm **해석**이다. 이에 따르면 어떤 입자가 따라가는 궤도 같은 몇 가지 고전적 개념이 통상적 의미를 일부 되찾는다.

이 해석에 대한 관심이 최근 더욱 증가했다. 왜냐하면 선험적으로 양자물리학과 아무런 관계도 없는 거시적인 계에서도 이 해석을 통해 예측된 궤도와 유사한 궤도를 얻었기 때문이다. 예를 들면 이브 쿠데르Yves Couder 교수와 에마뉘엘 포르Emmanuel Fort 교수의 아주 작은 물방울들은 진동하는 액체의 표면 위로 튀어오른다.

측정 시 어떻게 우연이 돌발하는지에 관한 연구는 또 다른 중요한 해석들을 이끌어냈다. GRW 해석은 물리학자 기라르디Ghirardi, 리미니Rimini, 베버Weber가 슈뢰딩거방정식을 살짝 변경한 것을 토대로 한다. 일치하는 해석은 여기서 측정은 두 파동의 만남이라는 초시간적 현상으로 묘사된다. 두 파동 중 하나는 시간 속에 전진하는 측정 대상의 파동이며, 다른 하나는 시간 속에서 뒷걸음질하는 측정 도구의 파동이다.

큐비즘QBism 해석(또는 양자 베이지언Bayesian 해석)에 따르면 측정 시 나타나는 확률은 주관적 성격을 지닌다. 파동함수의 개념은 순전히 추상적이며 새로 측정할 때마다 업데이트해주는 개인 정보처럼(라디오에서 알려준 일기예보를 정확히 알아보려고 하늘을 볼 때처럼) 인식된다.

7장

스핀, 정체성의 상실, 물질과 빛

양자물리학에 따르면 물질과 빛의 구조는 스핀이라는 개념과 입자들(**보손과 페르미온**)의 식별 불가능성 개념을 통해 이해될 수 있다. 상대성이론과 양자적 결합의 결실인 양자전기역학의 예측들은 대단히 잘 입증되는데, 특히 공 에너지의 파동과 관련된 효과에 관한 예측이 그러하다.

　양자물리학이 다시 짚어본 여러 고전적 개념 중 '정체성'이 아마도 가장 골치 아픈 경우가 아닐까 싶다. 이 양자효과가 선험적으로 인간처럼 육중하고 복잡한 존재에 적용되는 것이 아니라 해도, 정체성 상실은 우리가 사는 물리적 세계에서 어떤 사물을 정의하는 것, 즉 존재 자체라는 개념을 완전히 뒤엎는 것임에는 변함이 없다.

　사실상 양자물리학에서 개별성은 더 이상 법칙이 아니다. 앞에서 살펴보았듯 두 개의 얽힌 입자는 하나의 같은 물리계를 형성하며

《 춤추는 별을 낳으려면 존재 안에 혼돈을 지녀야 한다. 》

프리드리히 니체,
『차라투스트라는 이렇게 말했다』

이것은 입자들이 서로 얼마나 떨어져 있든 상관없다. 마찬가지로 순간이동과 터널효과는 문자 그대로 한 입자를 어떤 장소에서 다른 장소로, 어떤 중간 위치를 거치지 않고 뛰어넘게

한다. 일종의 비물질화에 이어 공간 속의 분리된 두 지점에서 즉시 재물질화하는 것처럼.

상태들의 중첩과 양자도약 개념은 그 맥락이 같다. 양자적 정체성은 고전물리학의 일반적인 정체성 개념과 전혀 유사하지 않으며 심지어 예측 불가능하고 급작스럽게 단계적으로 변할 수 있다. 이러한 불확실성이 스핀의 도입을 통해 부분적으로 제거된다면 그것은 일반화된 개별성의 상실을 강화시키기 위해서일 뿐이다. 일반화된 개별성의 상실은 물질과 빛의 구조를 이해하도록 도와주는 기본 입자들을 지배하는 원리이다.

이 창조적인 식별 불가능성 덕분에 양자물리학의 다양한 확장이 가능했다. 양자장론이라 불리는 이러한 확장 이론 중 양자전기역학은 확실한 본보기이자 보배로, 지식을 갈구하는 우리의 머릿속에 수많은 형이상학적 의문점, 특히 창조적 무無와 우리의 관계에 관한 의문점들을 제공한다.

🌐 스핀, 그래도 그것은 돌지 않는다Eppur non si muove[4]!

양자 상태란 양자물리학의 표준 해석에 따르면 완전한 것으로 가정되는 정보인데, 이미 살펴본 것처럼 어떤 대상의 양자적 정체성을 단적으로 **양자 상태**라 표현할 수 있다면, 이 정보는 실제로 무엇을 가리키는가?

양자적 정체성은 두 가지 목록으로 구성된다. 하나는 물리적 특성에 관한 목록으로 질량, 전하, 스핀 등이 포함되고, 다른 하나는 숫자들의 목록으로 '양자수'라 불린다. 이 수는 이를테면 에너지 혹은 각 운동량(팽이처럼 중심축을 기준으로 한 사물의 회전속도와 관련된다) 같은 물리적 특성마다 값이 다르다. 그런데 이 특성들은 특정 조건하에 양자화될 수 있고 정확한 값만 취할 수 있으며 다른 값은 취할 수 없다. 이런 일이 우리 주변의 물질을 구성하는 입자들에서 일어난다.

이러한 양자적 특성 중 입자가 가질 수 있는 개별화 특성과 관련해 가장 중요한 것은 **스핀**이다. 스핀은 입자의 회전과는 아무런 관계가 없다. 이것은 전형적으로 양자적인 속성이며 고전물리학의 대응어도 없다. 또한 스핀은 양자물리학과 아인슈타인의 상대성이론의 융합에서 비롯되었으며 이것을 나타내는 방법은 오로지 수학적, 기하학적 혹은 그것도 없으면 은유적 방법뿐이다.

---

4 지동설을 주장해 종교재판에 회부된 갈릴레오 갈릴레이가 했다는 독백 "그래도 그것은 돈다Eppur si muove"를 활용한 것이다.

파울리와 스핀, 잘못과 천재성의 사이

물리학의 수많은 발견과 마찬가지로 스핀의 발견도 이론(들)과 실험들을 오가며 이루어졌다. 이것은 일종의 난해한 춤처럼 그 리듬이 점점 분명해지고 알아보기 쉬워지는 과정으로 볼 수 있을 것이다. 볼프강 파울리는 확실히 이 양자적 안무의 스승이었다. 예를 들어 1924년에 새로운 양자수(그 당시에는 그 의미가 알려지지 않았다)를 적절히 도입해 특정 금속들이 방출하는 빛의 진동수를 설명하려 한 것도 그였다. 이 수는 단 두 개의 값만 가질 수 있어, 아마도 어떤 특수한 물리량의 양자화를 의미하는 수라고 추측되었다.

그런데 대체 어떤 물리량이었을까? 과학사의 서랍 속에는 이 기묘한 특성에 일치하는 것이 없었다. 이 기이한 새 양자수를 입자들이 자전하는 특성(그래서 미래의 명칭이 '스핀'이 된다)에 연결하자고 제안한 최초의 인물은 스무 살의 젊은 독일인 조교 랄프 크로니히Ralph Kronig였다. 파울리는 이것에 대해 비웃으며 크로니히가 1925년 초 이 결과를 발표하지 않도록 단념시켰지만, 그해 말에 똑같은 생각을 네덜란드의 레이든 대학에 있던 다른 두 명의 젊은 물리학자 헤오르헤 울렌벡George Uhlenbeck과 사무엘 호우트스미트 Samuel Goudsmit가 내놓았을 때는 마음을 바꾸었다.

이런 설명이 틀린 것이긴 하지만(스핀은 어떤 경우에도 입자의 자전과 관련 없다), 그래도 파울리에게 연구 방향을 일깨워주는 효과는 있었다. 그리하여 1927년에 그가 깨달은 바는, 스핀은 새로운 형태의 물리량의 존재를 의미하며, 이 물리량은 회전의 속성들과 실제로 관련되어 있으나 고전적 개념의 대응어는 전혀 없고 우리가 사는 세계에서 시각화될 수 없다는 것이었다.

1922년 슈테른Stern과 게를라흐Gerlach의 실험에 의해 훗날 확인된 파울리의 제안은 여러 면에서 혁명적이었다. 그리고 그 덕분에 과학자들은 그동안 체념하고 사용해오던 고전적 이미지와 개념들로부터 확실히 벗어날 수 있었다.

스핀은 양자 세계에서 개별성 개념을 이해하는 열쇠이다. 놀랍게도 양자 세계는 본질적으로 분리주의적이다. 이미 앞에서 파동-입자 이중성과 더불어 어떤 측면에서는 양자적 모호함이 있다는 점을 살펴보았기 때문에 이 점은 더욱 놀랍다. 입자의 스핀 값에 따르면 입자는 무리 속에서 다른 입자들과 함께 있을 때 완전히 다르게 행동한다. 만일 입자의 스핀이 반정수(1/2이나 3/2)이면 입자는 페르미온에 속한다. 만일 스핀이 정수(0, 1, 2, …)이면 그 입자는 보손이다.

지금까지 발견된 스핀들은 오로지 정수이거나 반정수이므로 입자들의 양자 세계는 두 집단, 즉 페르미온과 보손으로 나뉜다. 페르미온의 예로 들 수 있는 것은 전자, 양성자, 중성자, 중성미립자, 쿼크, 헬륨-3, 그리고 일반적으로 물질을 이루는 대부분의 입자이다. 보손은 물질을 이루는 입자 간의 상호작용을 전달하는 데 쓰이는 입자들로 광자, 글루온, 중력자, 포논 등이 있다.

주의할 점은 스핀이 입자를 분류하는 추상적 숫자에 그치지 않는다는 점이다! 스핀은 물질의 구조와 자성에 대해 현재 우리가 알고 있는 바의 핵심을 이루는 요소 중 하나이다. 스핀은 매우 중요한 물리적 효과들을 가지는데, 실험실에서만 이런 효과를 갖는 것은 아니다. 우리 주변 어디에나 존재한다. 예를 들면 물질의 안정성과 내구성, 혹은 초전도 및 초유동 현상을 설명하기 위해 필요하다. 또한 스핀은 핵 및 자기공명 의학 영상의 핵심을 이루며, 자기 랜덤액세스메모리와 하드디스크 판독을 담당하는 거대 자기저항(이것을 발견한 독일의 페터 그륀베르크Peter Grünberg와 프랑스의 알베르 페르Albert Fert는 2007년 노벨 물리학상을 수상했다)의 기능 속에도 존재한다.

🦀 정체성 상실의 환상적인 효과들

양자적 정체성이라는 개념은 식별 불가능성 개념과 밀접한 관계에 있다. 두 입자가 있고 이들을 물리적으로 식별해줄 수 있는 것이 전혀 없는 경우, 두 입자는 식별 불가능하다고 말한다. 미시적 양자 세계에서 이것은 두 입자가 같은 물리적 특성을 지닌다는 뜻이다. 그런데 우리는 입자들에 이름표를 붙일(어떻게? 상호작용을 가지고? 그러면 입자들의 물리적 특성 중 하나를 바꿔버릴 것이다!) 수도 없고, 그것들의 궤도를 따라가며 표시할 수도 없다(왜냐하면 궤도라는 게 아마도 존재하지 않을 테니까).

궤도도 없고 존재 자체도 없다?

전자는 식별 불가능한 페르미온이고 광자는 식별 불가능한 보손이다. 두 개의 전자를 포획기(예를 들면 전자기 포획 검출기)에 넣고 그것들을 따라가보자. 이때 다음과 같은 문제가 발생한다. 두 전자의 위치 정보를 얻으려면 위치 측정이 필요하다. 이것은 이미 살펴보았듯 하이젠베르크의 불확정성 원리에 따라 전자들의 속도에 자동으로 우연적 교란이 발생한다는 뜻이다.

이 측정 후 1초도 안 되어 전자들은 위치를 측정했던 그 순간의 장소에 더 이상 있지 않아 시간이 흐르면서 공간 속에 전자들의 위치를 표시하려는 모든 시도가 좌절된다. 그러나 문제는 더 미묘해진다. 왜냐하면 양자물리학의 표준 해석에 따르면 연속되는 두 번의 위치 측정 사이에 있는 위치정보는 우연적일 뿐 아니라 아예존재하지 않는다!

예를 들어 드브로이-봄 해석과 같은 다른 해석 방법을 매개로 궤도를 정의할 수 있다고 생각하더라도 입자들을 표시할 수 없다는 점 때문에 우리는 입자의 자체적 정체성 개념을 포기할 수밖에 없다.

전자들은 같은 속성을 지니므로 포획기 안의 두 전자를 뒤바꾼다 해도 실험의 특징과 실시 가능한 측정의 모든 결과를 조금도 바꾸지 못한다. 그리고 이 점은 만일 이 두 전자를 우주의 저쪽 끝에서 온 어떤 전자 두 개로 교체한다 해도 마찬가지일 것이다!

오늘날 과학에서 전자라는 것은 우주 안의 모든 전자이기도 하다. 마찬가지로 각각의 광자는 우주의 모든 빛 알갱이이기도 하다. 어떤 미시 입자의 정체성은 같은 형태를 가진 다른 입자의 정체성과 불가분의 관계이다. 코르시카의 시인 장폴 세르몽트Jean-Paul Sermonte는 이렇게 말한다. "하나를 이해한다는 것은 또 다른 하나를 발견하는 것이다."

그러나 식별 불가능성도 '스핀' 개념처럼 일종의 생각이나 철학적 원리인 것만은 아니다. 예를 들어 우주의 모든 전자가 동일하며 교환 가능한 것으로 가정된다는 사실은 측정 가능한 물리적 결과를 갖는다. 이것은 물질의 구조, 내구성, 전기와 열 전도성, 그리고 물질이 활성 혹은 불활성 물질의 다른 조각들로 다리('화학결합'이라고 부른다)를 만드는 능력에 관해 우리가 현재 알고 있는 지식들의 한 주축이 된다.

사실 식별 불가능성 원리가 뜻하는 바는, 두 입자를 식별하게 해주는 것이 전혀 없을 때 이 둘의 전체 양자 상태는 수학적 표현 속에서 둘의 역할을 바꾸더라도 같아야 한다는 것이다. 물론 각 입자는 그 자체로 어떤 양자 상태에 있고 이것을 간단히 'a'와 'b'로 나타낼 수 있다. 그러므로 모두 4가지 가능성이 존재한다.

1a 2a 또는 1a 2b 또는 1b 2a 또는 1b 2b

여기서 숫자는 입자를, 알파벳은 상태를 가리킨다.

예를 들어 '1a 2a'는 두 입자가 각기 'a' 상태에 있는 전체 상태를 가리키는 반면, 전체 상태 '1a 2b'의 경우 입자 1은 상태 'a'에, 입자 2는 상태 'b'에 있다.

그러나 이 마지막 경우('1a 2b')는 입자 1을 입자 2와 구별해 표시할 수 있다는 뜻이고, 이것은 입자들이 명확히 식별 불가능한 경우(예를 들면 전자들) 식별 불가능 원리가 금하는 것이다! 그러므로 이 원리를 준수하려면 다음과 같은 중첩 상태들로만 나타낼 수 있다.

$$\text{'1a 2b + 1b 2a' 또는 '1a 2b − 1b 2a'}$$

'+' 기호가 있는 상태를 대칭 상태, '−' 기호가 있는 상태를 반대칭 상태라고 부른다. 이때 개별적인 양자 상태가 같을 경우(b가 a와 같으면 1a 2a − 1a 2a = 0, 0의 상태, 즉 구현할 수 없다) 반대칭 상태는 0이라는 것을 곧 알 수 있다. 다시 말해 반대칭 상태에서 식별 불가능한 두 입자는 동시에 각각 똑같은 양자 상태에 있을 수 없다. 이것이 그 유명한 **파울리의 배타 원리**이다. 여러분은 방금 이 몇 줄을 읽으며 몸소 이것을 거의 증명해냈다.

실제 관찰에 따르면 알려진 입자들은 다음 두 가지 상태군 중 하나에만 존재한다. 대칭 상태에 있는 그룹이거나 반대칭 상태에 있는 그룹(그러나 최근 연구 결과 애니온anyon과 플레크톤plekton의 영향으로 이러한 분류를 재검토할 필요성이 제기된다). 대칭을 따르는 입자들은 '보손'이라 부르고 반대칭을 따르는 입자들은 '페르미온'이라 부른다. 이번 장이 시작된 후 손에서 책을 놓지 않았다면 여러분은 1940년의 파

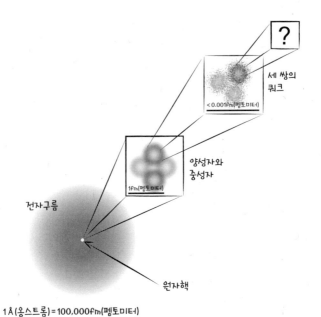

세 쌍의
쿼크

< 0.001fm(펨토미터)

양성자와
중성자

1fm(펨토미터)

전자구름

원자핵

1Å(옹스트롬)=100,000fm(펨토미터)

헬륨 원자의 알려진 내부 구조
1 옹스트롬Anström은 0.1나노미터로, 100억 분의 1미터와 같다.

울리처럼 스핀 값과 대칭/반대칭 속성의 관계를 연결할 수 있게 된
것이다!

더 간단히 표현하자면 파울리의 원리란, 페르미온이 여럿 모이
면 서로 겹쳐 있는 것을 좋아하지 않고 각자의 구분된 양자 상태에
서 독립적으로 있는 것을 선호한다는 뜻이다. 그러므로 페르미온 척
력이라고 말할 수는 있지만 실제로 이것은 어떠한 척력 개념과도 아
무런 관계가 없다.

페르미온 척력은 물질이 주로 빈 공간으로 되어 있는 경우 이 물질이 왜 그토록 큰 부피를 갖는지 설명해준다. 또한 이 척력은 특히 중성자별처럼 고밀도계에서 물질이 인력의 영향으로 붕괴하는 것을 막아준다. 마지막으로 페르미온 척력은 물질의 구조를 설명해주며, 알려진 서로 다른 원자들이 원소의 주기율표상에서 왜 그런 방식으로 구성되는지 이해할 수 있게 해준다.

물질의 구조(오늘날 관점)

우선 이미 여러 번 살펴본 것처럼 원자란 무엇인가를 설명하기 위해 행성 모형을 사용하는 것이 부적절하다는 점을 힘껏 강조했음을 잊지 말자. 그렇다. 원자는 그 주변에 작은 구슬 같은 전자들이 궤도를 따라 도는 둥그랗고 단단한 중심핵이 아니다! 물론 원자핵은 매우 작고 밀도가 높지만 둥그랗지도 않고 구슬처럼 가장자리의 경계가 분명하지도 않다. 전자와 관련된 궤도를 말한다는 것은 말도 안 된다!

오히려 최근 실험과 관찰에서 우리가 확인한 바는, 전자들이 핵의 주변에 일그러진 모양을 한, 아주 낮은 밀도를 가진 일종의 구름 속에 퍼져 있다는 것이다. 양자물리학에서 구름은 존재 확률 구름으로 해석되며 그 형태는 이론의 예측과 일치한다.

전자들 간의 상호작용을 무시하는 단순화된 모형에서 슈뢰딩거방정식의 해가 보여주는 것은, 서로 다른 전자들의 에너지는 양자화되어 있고(이것을 '에너지 준위'라고 한다) 앞서 말한 것처럼 서로 다른 양자수에 속한다는 점이다. 그런데 단 하나의 양자수에만 속하는 것은 아니다. 전형적으로 수직인 공간의 방향에 따른 스핀 벡터의 투사에 관련된 수도 있지만, 이 수를 선택하는 것은 순전히 임의적이다.

전자의 경우(1/2스핀) 이 양자수는 두 가지 값을 갖는다. +1/2(업 스핀) 또는 -1/2(다운 스핀)이다. 파울리의 원리에 따라 한 원자에서는 두 개의 전자만 하나의 에너지 준위를 차지할 수 있다. 전자 하나는 업 스핀을 가지고 다른 하나는 다운 스핀을 가진다(그렇지 않을 경우 어떤 것들은 같은 양자수를 가질 수도 있으며, 따라서 같은 양자 상태에 있게 된다).

각 에너지 준위에 하나의 존재 확률 구름이 일치하고, 에너지가 클수록 이 구름은 핵에서 더욱 멀어지기 때문에, 왜 원자들의 크기가 양자물리학 상수 h, 즉 플랑크 상수에 의해 조절되는지와, 왜 전자를 많이 가진 원자들이 전자를 거의 가지지 않은 원자들보다 훨씬 큰지 이해할 수 있다.

어떤 에너지 준위들은 서로 가까우며 '전자층'이라 불리는 다발들을 통해 무리 지을 수 있다는 점도 확인할 수 있다. 이것을 원자들의 '층 모형'이라고 한다. 이 모형은 알려진 모든 원자를 분류한 멘델레예프의 주기율표 구조와 형태를 매우 정확히 이해할 수 있도록 도와준다.

반면 대칭 상태의 경우, 개별적으로 같은 양자 상태에 있는 식별 불가능한 입자를 여럿 가지는 것에 대한 제약이 전혀 없다. 그리고 보손은 무리 지으려는 경향이 있고 보손의 특징이라 할 만한 일종의 인력에 의해 같은 양자 상태에 모여 있기를 좋아하는데, 이번에도 마찬가지로 이런 인력은 고전적 개념의 인력과 전혀 관계없다.

그런데 보손 집단의 에너지를 동시에 낮추면, 즉 보손 입자들을 냉각시키면 더 낮은 에너지를 지닌 같은 양자 상태로 응축시킬 수 있다. 그러면 입자 전체 집단과 동등한 일종의 초입자인 보스-아인슈타인 응축을 얻게 된다. 이 응축 효과의 가장 흔한 적용법은 초전도 현상과 관련이 있다. 초전도 현상에서 전류는 아무런 저항 없이, 따라서 어떠한 전력 손실도 없이 극저온으로 냉각된 전기회로 안을 흐른다.

⚛ 장場들의 핵심, 빛과 물질의 결합

또한 스핀은 기술 진보의 상징인 레이저와 함께 빛의 심층적 구조를 이해하는 토대가 된다. 이 책에서 이미 여러 번 빛의 양자적 특성을 언급했지만, 빛은 사실 표준 양자물리학의 단순화된 틀 안에서 명확히 설명될 수 없다. 빛은 너무 많은 비정상적인 면을 보여준다. 광자는 질량이 없고 게다가 최고속도(빛의 속도)로 움직이는데, 이 점은 관찰 조건이 어떠하든 늘 마찬가지이다. 그리고 원자들 혹은 전자들과 상호작용하며 제멋대로 사라지거나 나타나기도 한다.

그러므로 이 같은 아주 독특한 특징을 반영하는 이론을 세워야한다. 그 이론은 빛과 물질이라는 두 개체에 관한 세 가지 주요 이론인 양자물리학, 아인슈타인의 상대성이론, 전자기학을 통해 빛과 물질을 연결시키고 통합하는 이론이어야 할 것이다. 결과적으로 이 이론은 바로 '양자전기역학(라틴어가 아닌 영어 첫 글자를 딴 QED)'이라는 이름으로 알려져 있다. 그 토대를 제공한 것은 파격적이면서도 천재적인 일군의 물리학자였다. 이론물리학에 등장하는 용어 이곳저곳에 씨를 뿌린 이 학자들 중에는 영국의 폴 디랙과 프리먼 다이슨Freeman Dyson, 그리고 말썽꾼으로 불린 미국의 리처드 파인먼이 있다.

양자전기역학QED은 특히나 성공적인 빛과 물질의 결합이다. 이 것은 그 효과를 극도로 정밀하게 계산할 수 있는('미세구조상수'라 불리는 이 이론의 상수값이 약 1/137로 아주 작기 때문) 이론이라고 한다. 그러나 이 이론은 고도로 복잡해 '재규격화'라는 유명한 기법처럼 까다로운 수학적 도구를 이용해야 하는데, 재규격화란 측정 가능한 물리량과 일치하는 유한수를 얻기 위해 무한수를 제거하는 기법이다. 그렇더라도 이것은 아름다운 이론이자 수학적 보배이며 내적 논리가 명확하고, 이것의 분과 이론과 결과들은 우리를 피해 다니는 것처럼 보이는 실제 세계를 향한 하나의 문을 열어주었다는 심오한 느낌마저 준다.

금의 색깔과 외계의 메시지

양자물리학의 수학적 표현 안에 아인슈타인의 상대성이론을 반영하면 심오하고도 다양한 결과가 발생한다. 이 결합의 효과는 실제 우리 일상에서도 볼 수 있다. 예를 들어 금과 금속의 광채와 색깔은 원자 내부의 상대론적인 양자효과 때문이다. 가장 소박한 풀잎에서부터 가장 멀리 떨어진 별에 이르기까지 우리 주변의 물체들이 방출하는 모든 빛은 일반적으로 스핀의 존재와 관련된 상대론적 효과에 의존한다. 아니면 오히려 그저 스핀에만 의존한다고 할 수 있다! 전자들의 스핀뿐 아니라 양성자와 중성자들의 스핀까지 말이다.

그런데 수소 원자 하나의 핵과 전자의 스핀들 사이 상호작용에서 나오는 빛의 진동수 중 하나는 천문학과 현대 우주론의 탐지기 역할을 한다. 이것과 관련된 광파는 파장을 기준으로 '21cm 선'이라고 불린다. 이 선은 들뜬 상태의 수소 원자가 바닥 상태로 되돌아올 때 발생한다. 이것을 '초미세 전이'라고 한다. 수소는 우주 어디에나 존재하기 때문에(수소는 가장 단순한 원자이므로 빅뱅 이후 최초로 생성된 것이다), 21cm 선은 어디에서나 방출되고, 이것을 탐지하면 가장 밀도 높은 공간을 가진 지점이 어디인지 알 수 있다(천문학자들이 우리 은하 팔 부분의 나선 형태를 확인할 수 있었던 것도 부분적으로는 이런 방식이다). 또 우주 어디에나 수소가 있다는 점은 과학자들이 잠재적 외계 지성과 소통을 시도하는 데 사용되기도 했다.

이런 이유로 '파이어니어Pioneer 판'이라 불리는 금속판이 1970년대 우주탐사선 파이어니어와 보이저Voyager에 실렸다. 이 판 위에 나타난 수많은 정보는 모두 21cm라는 기준 파장을 기초로 표현된 정보이며 기술적으로 발달된 존재가 이해할 수 있는 것으로 가정된다. 여기에는 지구에 접근할 수 있도록 일종의 은하지도도 실려 있다. 이 마지막 정보의 적절성은 당장 도마 위에 오르게 되었는데, 그것은 바로 이 질문 때문이었다. "만일 우리 인간들이 그런 보물지도를 받는다면 어떻게 할 것인가?" 자신이 사는 행성을 파괴하는 인간의 놀라운 능력과 대단히 호전적인 관습을 고려해 환영의 메시지로는 오로지 지구의 소리와 음악을 담은 명곡집을 보내는 것이 훨씬 현명한 방법이라고 결정되었다.

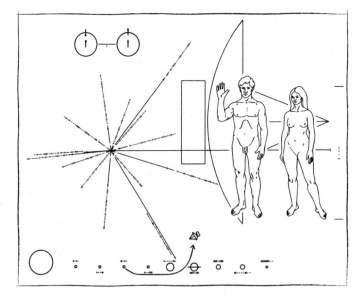

파이어니어 판

그렇다면 이 우아한 이론이 과연 실험으로 입증되었는가? 그렇다! 놀랍게도 그렇다. 이 이론의 엄청난 정확성을 알아보기 위해 예를 들어보자. 다트 놀이를 하고 싶은데 우리는 파리에 있고 맞힐 과녁은 뉴욕에 있다고 상상해보자(그렇다. 노력이 조금… 필요하다). 만일 우리가 양자전기역학만큼의 정확성을 가진다면 지름이 1cm밖에 안 되는 표적을 100만 번에 1번꼴로만 놓치게 된다!

정확하다는 것도 문제가 없지는 않다. 왜냐하면 양자전기역학보다 더 보편적인 새로운 이론이라면 무엇이든 이렇게 놀랄 만한 예측을 되풀이하고 포괄할 것이기 때문이다. 여러분은 이렇게 말할 것이다. "왜 우리에게 더 보편적인 이론이 필요한가?" 양자전기역학은 그저 현재 알려진 에너지와 물질의 극히 작은 부분만 고려하기 때문이다. 이 이론을 요약하면 주로 전자와 광자 간의 상호작용을 연구하는 것이고, 따라서 최선이라 해도 이들의 상호작용이 하나 또는 몇 개의 원자에 미치는 영향만 다룰 수 있다. 우리와 가까운 환경을 구성하는 원자는 셀 수 없을 정도로 어마어마하게 많은데 말이다.

영향력이 한정되어 있다고 해도 양자전기역학은 여전히 양자물리학과 상대성이론을 결합하는 모든 이론의 본보기이다. 이 이론은 **양자장론**QFT의 한 예인데, 양자장론은 수학적 관점에선 매우 복잡하지만, 명료하고 정확한 형식 안에서 파동과 입자 개념을 통합하는 현대 물리학의 진정한 패러다임이다. 양자전기역학의 경우 관련 장은 전자기장이지만, 전자기적 성질을 띠지 않는 상호작용을 다루기 위한 또 다른 장과 또 다른 양자장론들이 있다. 예를 들면 원자핵 내부(양성자와 중성자), 그리고 쿼크와 글루온 같은 원자핵의 하부 구성 요소 내부에서 일어나는 약한 상호작용과 강한 상호작용을 다루는 양자장론들이 있다. 중력 상호작용의 경우 문제가 더 까다로운데, 그렇더라도 해당 양자장론을 만들 수는 있을 것이다.

양자장론에서는 입자들을 더 이상 완전하고 영원한 존재로 보지 않고 '장'이라 불리는 기저 환경의 일시적이고 점 같은 들뜸으로 본다. 이때 장의 정의는 물리적이기보다 기하학적이다. 시각화에 도움을 주기 위한 예를 들면, 이 들뜸-입자들은 수면 위의 물결 혹은 밀밭 위의 일렁임 혹은 우리 머릿속에 불쑥 나타났다 사라지는 생각 같은 것이다. 어떤 들뜸-입자들은 거의 만질 수 있을 정도로 분명하고 수명이 길지만, 다른 것들은 1초도 안 되는 찰나의 순간에만 존재해 '가상의' 입자라 부르는데 이것들은 지속적인 흔적을 남기지 않는다. 그러므로 당혹스럽지만 현대 과학에 따르면 물질과 빛은 추상적인 수학적 세계 속의 덧없는 진동에 불과한 듯하다.

그래서 더욱 일리 있게 느껴지는 것은, 입자들은 이 이론들을 통해 예측된 양자적 공_空의 변동을 일시적으로 표현한 것일 뿐이라는 점이다. 순수한 에너지의 바다 위에 여러 모양의 잔물결이 있는데, 거기 이는 거품은 다름 아닌 우리가 거품을 만든 재료인 물질일 것이다. 이것은 영원히 움직이고 파괴하고 재창조하는 존재이다. 물리학자 카를로 로벨리Carlo Rovelli의 말에 따르면 제네시스genesis(탄생),

우시아ousia(실재), 프토라phtora(파괴)라는 3박자 왈츠에서 빛과 물질은 마치 춤의 스텝을 주고받듯이 서로의 역할을 바꿀 것이다. 한국 방혜자 화백의 불타오르는 그림들처럼 물질은 정말로 그 시공간 속 흔적이 점묘화처럼 나타나는 응축된 빛의 한 형태일 뿐이다.

우리는 어떤 공에 대해 말하는가?

양자물리학에서 말하는 공空은 일상적 개념의 공과 매우 다르다. 이 공에는 어떠한 물질도 없고 빛도 없다! 따라서 공을 얻으려면 이 공이 지배하는 내부 공간의 벽을 냉각시켜야 하는데, 이 벽이 0이 아닌 온도에서 자동으로 발생시키는 저 유명한 흑체복사(2장 참조)가 나타나지 않도록 주의해야 한다. 요구되는 온도는 극한이며 절대온도 0도(-273℃)에 가깝다.

주의할 점은 이 양자적 공을 물질 내부에 존재하는 가시적인 공과 혼동하지 말아야 한다는 점이다. 예를 들어 원자가 주로 공으로 이루어져 있다고 말할 때 그 뜻은, 원자의 질량은 공간의 매우 작은 부분인 핵 속에 거의 전부 포함되어 있으며, 전자들이 점유하고 있는 원자의 나머지 부분은 밀도가 극단적으로 낮다는 뜻이다. 만일 원자 하나의 크기를 수천억 배로 확대시킬 수 있다면, 그래서 이 원자의 부피가 이를테면 대성당 하나를 차지할 정도가 된다면 그때 핵이 차지하는 공간은 쌀 한 톨만큼일 것이다! 그리고 이 엄청난 부피에 포함된 주변 전자구름의 무게는 1마이크로그램밖에 안 되는 반면, 거기 포함된 공기의 무게는 수백 톤이나 될 것이다. 여기서 적절한 인상이 있다면 그것은 지극히 미세한 전자구름이 우리에게 남긴 공에 대한 인상뿐이다. 공은 우리를 둘러싼 공기와 조금 비슷한데, 예를 들면 고지대에서 공기가 부족하거나 로켓의 방열판이 대기에 진입하며 붉게 빛나는 것을 볼 때만 그 존재를 인식하는 것과 같다. 그런데 겨우 지각할 만한 밀도를 지닌 이 섬세한 전자구름들은 파울리 원리의 지배하에서 서로 매우 강력한 상호작용을 한다. 그리하여 이 구름들은 아주 부분적으로만 서로 겹쳐 있을 수 있으며 물질에 부피와 견고함을 주므로 여러분의 손이 왜 이 페이지를 뚫고 지나가지 않는지 알 수 있게 해준다!

'양자적 공'은 매혹적이다. 기술적으로 이것은 더 낮은 에너지의 양자 상태, 즉 장의 들뜸이 전혀 나타나지 않을 때의 양자 상태로 정의된다. 그러나 이 최소 에너지가 0이 아닐 때도 있다. 심지어 0과 아주 동떨어져 있다. 이 에너지는 거의 무한하기 때문이다! 사실 양자적 공이 아무것도 포함하지 않는다 해도 거기엔 모든 잠재적 가능성이 포함되어 있다. 이것은 온갖 종류의 가상 입자들로 가득한 공이며, 이 가상 입자들은 순간적으로 이 공에서 에너지를 조금 빌려와 물질화되어 일시 존재하다, 그 후 빌린 에너지를 돌려주며 즉시 사라진다(에너지-수명 쌍에 관한 하이젠베르크의 불확정성 관계에 따른 것이다).

최근 연구에 따르면 이 **공의 에너지**의 이론적 추정치는 현기증을 일으킨다. 예를 들어 이 양자적 공의 각 세제곱밀리미터mm^3는 우리 태양이 존재한 모든 기간 동안 만들어낸 에너지보다 훨씬 많은 에너지를 포함하고 있다! 이뿐만 아니라 우주가 창조된 이후 전 우주의 모든 별이 만들어낸 에너지보다 훨씬 더 많다!

게임을 해보자. 여러분의 손을 눈앞에 가져와 엄지와 검지를 천천히, 두 손가락이 닿지는 않고 스칠 정도로만 가까이 대보자. 두 손가락 사이 겨우 알아볼 만한 이 미세한 공간에 엄청난 에너지(10^{99}J)가 숨겨져 있다. 놀라지 마시길! 이것은 전 세계가 한 해 동안 소비하는 에너지(10^{20}J)에 우주에 존재하는 원자의 수(10^{79}개)를 곱한 값과 같다!

그런데 이 측량할 길 없는 에너지의 만남은 안타깝게도 영원히 잠든 채 존재하며 접근할 수 없는 운명을 가진 듯하다. 그러나 이 주제에 대한 합의도 없으며 어떤 현대의 시시포스들이 공짜이기를 바라면서 이 에너지를 끌어 모으려고 이따금 시도한다고 한다. 그러나 오래전부터 이 에너지 또는 이 에너지의 변동은 측정 가능한 물리적 효과를 갖고 있음이 알려져 있다. 예를 들어 이 효과 중 하나인 카시미르 효과는 1948년 이것을 예측한 네덜란드의 물리학자 헨드릭 카시미르Hendrik Casimir의 이름에서 비롯되었는데, 이 효과가 있으면 서로 충분히 가까운 두 개의 금속판이 서로에 대해 상호적인 힘을 행사한다.

에필로그

~

양자적 삶이 주는 현기증과 전망

양자물리학은 엄청난 정확성과 예측력을 가지지만 이 이론에는 수많은 제약과 미해결 문제도 존재한다. 또 다른 축을 이루는 일반상대성이론과의 통합 시도가 매우 활발한 한편 양자생물학의 출현으로 눈길을 끄는 관점들이 나타나고 있다.

양자물리학은 세계를 문자 그대로 재발견했다. 그리고 우리가 확실하다고 생각하는 모든 것을 산산 조각내 버렸다. 측정과 관찰이라는 개념에 대해, 사물의 고유 속성에 대해, 그리고 사물과 시공간의 관계에 관해. 실재 또는 우리가 '실재'라고 부르는 것에 관해. 그런데 이 실재의 본질은 우리의 감각, 언어 그리고 우리의 일상적 이해방식으로는 표현할 수 없으리라 생각된다.

양자물리학은 사실 유동적이고 불확정적이며 비영속적이고 상

《 이것은 누가 그것을 구별하는지 과학자가 믿는다는 것도 아니고, 어떻게 그리고 왜 과학자가 그것을 믿는가도 아니다. **》**

버트런드 러셀, 『서양철학사』

호 의존적인 실재에 대한 것이며, 이 이론을 꾸며주는, 영원한 재창조 상태에 놓인 실재에 관한 것이다. 잠재적이며 생성 과정에 있는 이 실재의 심오한 성질은 영원히 베일에 싸여 있을 것이다.

양자이론들이 우리에게 제시하는 물질에 대한 관점 역시 혁명적이다. 확률구름, 기본 입자들의 고유한 개별성 상실, 잘 끼워 맞춰진 하부구조 등의 개념에 기초한 원자핵과 원자의 구조에 관한 접근방식에서도 그렇다. 마지막으로 양자물리학이 총체적으로 재검토했던 공의 일반적 개념과, 무한하고 창조적인 에너지우물임이 역설적으로 드러난 양자적 공에 관해 말하는 방식에서도 혁명적이며 고도로 상징적이다.

양자물리학은 현대 물리학 이론 체계의 핵심이다. 아인슈타인의 상대성이론과 결합한 양자물리학은 알려진 4개의 기본 상호작용 중 3개의 성질을 이미 밝혀주었는데, 이 상호작용들은 물질의 핵심에 작용하며 물질의 구조와 특성을 정의한다. 그리하여 우리는 제네바에 위치한 유럽입자물리연구소CERN의 대형 강입자 충돌기LHC 같은 입자가속기 내부의 상상할 수 없이 엄청난 충돌을 이용해 물질-에너지의 비밀 속으로 서서히 내려가는 작업에 착수할 수 있었다.

그뿐만 아니라 늘 무한소와 무한에너지 쪽에 더욱 집중하고, 양성자와 중성자를 쿼크와 글루온으로 분해할 수 있었다. 그럼으로써 최종적으로 신의 입자라 불리는 힉스 보손을 발견해낼 수 있었다.

양자이론들의 핵심은 이 책에 소개된 것과 같은 양자물리학의 원리들로 구성되는데, 이 이론들의 예측력은 정말 엄청나다! 이를테면 양자전기역학의 일부 특성에 관한 이론적 예측은 실험을 통한 측정과 너무나 정확히 일치해, 파리와 도쿄 사이의 거리와 비교할 때 대략 머리카락 한 올 크기의 차이만 있을 뿐이다.

표준양자물리학의 통계적 예측 또한 대단히 잘 입증되어 있다. 예를 들면 물질파의 간섭 현상과 관련된 예측을 토대로 초정밀 원자시계 및 가속도계를 만들 수 있었다. 또한 암호화, 양자정보과학 및 양자 순간이동에서 사용되는 양자비트인 큐비트의 생성 및 조작에 관련된 예측도 정확하다. 이 분야들은 이미 우리의 삶을 혁신하기 시작했다.

고체 재료의 양자적 처리 기술의 적용 분야 역시 셀 수 없을 정도이다. 자기공명영상과 자기부상열차에서 초전도 현상이 사용되고, 견고한 동시에 초소형화된 전자부품이 구현되고 있으며, 신소재(그래핀, 탄소나노튜브, 바일-콘도Weyl-Kondo의 반금속, 나노입자)가 개발되고 있다.

저항은 관성이다

신의 입자라는 별명이 과장된 것이긴 하지만, 그럼에도 이 입자는 입자들의 질량에 관한 수수께끼를 푸는 중요한 열쇠 중 하나이다. 그렇다면 입자들은 어떻게 질량을 얻는가? 이것을 설명하는 메커니즘을 밝힌 공으로 피터 힉스Peter Higgs와 그의 동료들은 2013년 노벨 물리학상을 수상했다.

이 메커니즘에 따르면 입자의 질량은 힉스 보손으로 가득한 공에서 이 입자의 움직임에서 비롯된다고 한다. 이때 힉스 보손들은 아주 약한 에너지를 가지고 입자 위에 발라진 시럽처럼 행동하며 '질량'이라 불리는 관성을 입자에 부여한다. 일반적으로 오늘날의 이론물리학은 입자가 그 자체로 온전하며 실질적인 동시에 가상적인 다른 입자들과 별개로 존재함을 뜻하는 의미라면 모두 제거해버린다.

🐚 중력, 암흑 물질, 암흑 에너지 등 장애물에 대한 양자물리학의 전망은?

그럼에도 불구하고 이론에서뿐만 아니라 실험적으로도 여러 한계와 풀리지 않은 문제들이 있다. 그리고 양자 세계의 기이함에 언제나 동반되는 모든 철학적 의문점도 잊지 말아야 한다. 의문들이

다시 생겨나고 그에 대한 답변이 의문을 가라앉히듯, 양자물리학이 새로운 답변을 제공할 때마다 우리는 지식을 바로잡을 기회를 수없이 얻는다.

첫 번째 장애물은 양자물리학과 중력이론의 관계이다. 만일 표준양자물리학에 중력을 고려할 수 있고(슈뢰딩거방정식에 항을 하나 추가함으로써) 중력장에 관한 양자이론(두 물체 간의 중력상호작용을 전달하는 것으로 알려진 가설적 입자인 중력자의 존재를 예측하는 이론)이 만들어졌다고 해도 오늘날 이 두 이론을 통합하는 만족스러운 이론이 없다는 점에는 변함이 없다.

중력은 과학자들에게 엄청난 문제들을 안겨준다는 점을 언급해야 한다. 하지만 이것은 존재하는 가장 자연스럽고 가장 보편적인 힘이다. 이것은 떨어지는 포크에서 춤추는 별들에 이르기까지, 우리의 일상에서 우리를 둘러싸고 가장 분명하게 작용한다.

1907~1916년에 진행된 아인슈타인의 연구 이후 우리는 중력에 대해 시공간의 왜곡과 휨이라는 심오한 기하학적 해석을 얻었다. 그런데 아인슈타인의 일반상대성이론은 중력과 운동의 상대성을 섞은 것으로, 그 유명한 중력파의 발견 덕분에 또다시 분명하게 입증된 듯하지만 그래도 양자물리학의 원리들과 융합될 것으로 보이지는 않는다.

이 두 이론 간의 뚜렷한 양립 불가능성으로 인해 이들은 사실 극복할 수 없는 관계인 것처럼 보인다.

첫째, 일반상대성이론에서 쓰이는 '시공간의 연속성' 개념은 '양자 궤도' 개념의 부재 그리고 하이젠베르크의 불확정성 원리와 정면충돌한다.

둘째, 바로 이 점이 두 이론의 가장 명백한 차이이다. '양자적 공' 개념은 일반상대성이론이 설명하는 '공'의 개념과 대척점에 있다. 공의 에너지(일반상대성이론에서는 거의 0이고 양자물리학에서는 거의 무한이다)에 대한 예측 차이는 심지어 두 과학이론의 예측 가운데 전혀 확인된 적 없는 가장 큰 격차이다.

천상에서 우리를 놀리는 듯한 이 두 이론은 역설적으로 오늘날 실험 차원에서 볼 때 각각의 선호 영역, 즉 일반상대성이론은 우주 분야, 양자물리학은 초미시 세계 분야에서 가장 잘 입증된 이론으로 간주된다.

양자중력 문제라고 알려진 이러한 딜레마를 해결해보려고 다양한 확장이론과 대체이론들이 생겨났다. 예를 들면 초끈이론의 경우처럼 양자이론에서 중력이 나타나게 만들기도 한다. 이 초끈이론의 기본 단위는 더 이상 쿼크와 전자가 아니며 10차원 또는 11차원의 시공간에 존재하는 추상적인 미세 끈이다.

역으로 중력, 즉 일반상대성이론에서 출발해 그것에 양자 원리를 도입하려 시도할 수도 있다. 고리양자중력이론이 바로 그 예이다. 이 이론에서는 고리 모양을 한 공간의 미세 알갱이들을 위해 공간이 연속성을 잃는다.

보편을 추구하며

과학이론들의 통합은 중요한 역사적 과정으로, 특히 지난 4세기 동안 증가해왔다. 1687년 그 위대한 첫걸음을 내디딘 사람은 바로 뉴턴이다. 그는 지구 위로 물체가 추락하는 것과 행성들이 태양 주위를 공전하는 두 가지 현상 모두가 어떻게 만유인력이라는 유일하며 동일한 현상의 지배를 받는지 보여주었다.

그때부터 과학이론과 현상을 통합하는 방법론적 연구가 시작되었다. 예를 들면 자기, 전기, 빛은 1864년 맥스웰의 전자기학이론을 통해, 시공간 및 전자기학은 1905년 아인슈타인의 **특수상대성이론**을 통해, 이 특수상대성과 중력은 1910년대 초 아인슈타인이 만든 일반상대성이론을 통해, 그리고 양자물리학과 특수상대성이론은 1930~1970년대 만들어진 다양한 양자장론(양자전기역학, 전기약력이론, 양자색역학)을 통해 연구가 이뤄졌다. 이 모든 이론은 '표준모형'이라는 메타이론을 통해 우리가 미시 세계를 이해하는 오늘날의 패러다임을 형성하고 있다.

일반적인 양자물리학은 이러한 통일 논리에서 비롯된 것이 아니다. 적어도 이론적 관점에서는 아니다. 이 책을 통해 살펴보았듯 양자물리학은 고전적이라고 불리는 이론들(역학과 전자기학)로는 이해할 수 없는 실험 결과들에 대한 답을 주는 과정에서 만들어진 이론이다. 이것은 (어떤 이들은 비꼬는 투로 '레시피'라고 말할) 원리와 법칙의 집합체로, 오늘날 그 토대를 명확히 입증하기란 불가능하다.

사실 양자중력을 다루는 대체이론은 현재 20개 이상 존재한다. 그 이론 대부분은 시공간이 보충적 특성들(예를 들어 비교환적 또는 프랙털적 특성)을 가지고 있다거나 시공간이 그 자체로는 존재하지 않지만 입자들의 집단 상호작용 또는 추상적인 수학적 공간들의 집합적 상호작용을 통해 정의되고 만들어진다고 생각한다. 아인슈타인과 슈뢰딩거도 쉬지 않고 노력했지만 안타깝게도 알려진 상호작용들을 통합하는 하나의 이론을 만드는 데는 성공하지 못했다. 어쨌든 중력과 양자 원리들 간의 통합 문제는 대부분 무한소 영역에서 불쑥 등장하는데, 무언가를 클로즈업해 원자 하나 크기의 수천수백억 분의 1에 해당하는 저 유명한 플랑크 단위에 도달할 때까지 확대했을 때 나타난다!

경쟁하는 대체이론이 너무 많다며 여러분이 반기를 들 수도 있다! 그런데 우리의 탐구 노력을 오로지 하나 또는 두 이론에만 쏟아야 할 때 오히려 주의력이 분산되는 것 아닐까? 확신할 수는 없다. 실험과 관찰을 통해 밝혀진 사실과 의문점들이 우리가 가졌던 확실성을 뒤흔들며 15~16년 전부터 무더기로 쌓여 있어서 더욱 그러하다. 프랑스의 수학자 디디에 노르동Didier Nordon이 말풍선에 즐겨 넣는 "확실한 일에는 작은 난관들이 있다"는 말처럼. 현대 물리학이라는 멋진 건축물에 난 균열들은 이것을 약화시키지만 동시에 식견을 갖추도록 수만 번 탈바꿈하게 자극을 주기도 한다. 작은 틈들 덕분에 빛이 새어드는 것이다.

사실 우리는 양자물리학과 일반상대성이론이 약점이라고는 전혀 없어서 이것들을 굳게 믿으며 변치 않는 신성한 진리로 숭배하기에 이르렀다고 주장해왔다. 그런데 오늘날은 이단적인 이상 현상이 많다! 예를 들면 어떤 에너지와 물질은 우리가 멀리 떨어진 데서 이것들의 간접적 효과를 통해 보이지 않는 이것들의 존재를 관찰할 수는 있지만, 정작 우리가 그에 대해 아는 바는 거의 없는 경우도 있다.

이것들의 성질이 무엇인지는 모두 알려지지 않았고 둘 중 어느 것도 현재 우리의 지배적 이론의 틀 속으로 들어오지 못하고 있다. 어휘 자체는 웅장하다. 무지와 혼란스러움을 감추기 위해 우리는 그것들을 '암흑 물질'과 '암흑 에너지'라고 불렀다. 그런데 관찰 결과 우리가 큰소리치지 못할 무언가가 존재했다.

최근 추정치(2009~2012년에 플랑크 우주 임무를 통해 수집된 데이터)에 따르면 암흑 물질과 암흑 에너지는 각각 우주를 구성하는 에너지의 26.8%와 68.3%를 차지한다. 그러므로 가장 공들여 세운 우리의 이론들이 해석하고 이해할 수 있는 보통의 물질은 우주 전체 에너지 물질의 5%도 되지 않는다!

니콜라우스 코페르니쿠스 이후 우리는, 우리가 우주의 중심에도 우리 은하의 중심에도 있지 않다는 것을 알고 있다. 현대 과학이 지금 우리에게 말하는 것은 지구의 물질이 우주에 있는 대다수 물질의 대표도 아니라는 점이다! 지구를 잠시 빌려 살고 있는 우리는 관측 가능한 우주의 어떤 지대에 있는 어떤 은하계에 속한 어떤 별 주위를 돌고 있는 어떤 행성 위에 분명히 존재하고 있다.

그리고 어지럽게 계속되는 이 '어떤'이란 것은 지난 100년 동안 늘어만 갔다. 모든 분야에서 절대, 영원, 실재에 대한 우리의 확실성은 서서히 사라져갔는데, 이것은 아인슈타인, 슈뢰딩거, 보어, 하이젠베르크와 많은 다른 이의 연구 결과였다! 심지어 우리가 살고 있는 이 우주가 유일하지 않을 수도 있다. 어쩌면 어떤 우주 하나일지 누가 알겠는가?

🦀 생물학에서 양자 의식까지

대부분의 양자 이상 현상들은 예기치 못한 방식으로 사실상 의식하지 못할 때 나타난다. 다시 말해 양자효과들은 이 이론에 대한 우리의 일상적 접근방식을 통해서는 존재할 수 없는 것으로 생각되는 그 지점에서 관찰된다.

이것은 마치 양자물리학이 너무 잘 작동해서 우리가 양자물리학에 대해 가질 수 있었던 당연한 기대를 (까마득한 데서부터) 넘어서는 것과 조금 비슷하다! 이를테면 고온 초전도 현상의 경우 전자들의 양자 결맞음은 이론상 온도보다 거의 100배나 높은 온도에서 실현된다.

슈뢰딩거는 양자생물학의 아버지

슈뢰딩거가 생물학 특히 유전학에 결정적 영향을 준 사실을 아는 사람은 거의 없다. 아주 어린 시절부터 유전 문제에 열중했던 슈뢰딩거는 유전(현대적 용어로 게놈)은 기다란 분자 형태로 암호화될 수 있고 양자효과 덕분에 변경될 수도 있음을 처음으로 생각해냈다. 1944년에 출간된 그의 저서 『생명이란 무엇인가What is life?』는 프랜시스 크릭Francis Crick과 제임스 왓슨James Watson에게 지대한 영향을 주어, 이 두 생물학자는 1953년에 나선형 DNA구조 발견(이로 인해 이들은 1962년에 노벨 생리의학상을 수상했다)은 그들의 혁신적 아이디어에 이 다재다능한 천재 오스트리아 학자가 핵심 역할을 했다며 감사 인사를 잊지 않았다.

새로운 단계로 발전을 이룩한 것은 최근이다. 2010년에 '양자생물학'이라는 전대미문의 분과 학문이 생겨났기 때문이다. 현재 여러 연구 팀이 양자효과 특히 터널효과가 초래하는 것으로 생각되는 DNA의 자발적 돌연변이를 시각화하려는 연구를 진행하고 있다. 유전과 전달에 관한 그의 미래 연구가 이루어진 지 70년이 넘은 지금, 슈뢰딩거가 자신의 전위적 사고에서 비롯된 많은 연구과제가 활발하게 진행되는 것을 본다면 적잖이 놀랄 것이다. 이것은 죽은 그에게 보내는 윙크 같은 게 아닐까. 슈뢰딩거의 전달 취미(자신의 개인적 신념뿐 아니라 대학에서의 가르침과 과학적 지식까지 전달하는)는 그의 생애 동안 빛나는 길잡이와 같았다.

마찬가지로 최근 생명체의 환경에서 관찰되는, 긴 수명이 갖는 양자효과는 양자물리학의 보편적 접근방식과 완전히 대립한다. 이런 환경의 습기, 열, 그리고 끊임없는 생물학적·화학적 상호작용의 어마어마한 횟수들은 양자 결맞음 효과가 수천억 분의 1초나 될까 싶은 찰나의 순간 이상으로 유지될 수 없게 만든다. 그러나 실제로 어떤 양자효과는 생명체(식물과 동물)에서 약 100만 분의 1초 동안 나타났는데, 이것은 이론상 최대 수명의 10억 배나 되는 시간이다! 이러한 양자효과에는 상태의 얽힘, 터널효과, 간섭 등이 있다.

이와 관련된 물리계는 매우 다양하다. 예를 들어 어떤 철새들의 눈은 전자들의 얽힘 현상의 중추로서 새들이 자기수용성을 갖도록, 즉 새들이 자신의 위치를 지구자기장과 비교해 파악할 수 있도록 해준다. 마찬가지로 광합성(빛에너지를 화학적 에너지로 변환시킨다는 면에서)의 놀라운 효율성 또한 엽록소들 간의 양자 얽힘 현상에 기인하는 것으로 보인다. 그리고 동물과 인간의 후각과 시각, DNA의 어떤 돌연변이의 경우도 마찬가지이다.

생명체에서의 양자효과 관찰, 특히 (빛, 자기장, 냄새 등의) 감각수용체의 효율성을 조절하고 최적화하기 위한 양자효과의 관찰은 자연스럽게 신경계와 뇌와 (간접적으로는) 의식의 기능에 양자물리학이 어떤 역할을 할지에 관한 문제로 연결된다. 매우 사변적이며 자주 논란거리가 되지만 이미 수많은 양자인지 모델이 이러한 방향으로 제시된 바 있다.

열림과 관조

양자물리학의 거의 모든 창립자가 너무 갈망하며 모험했던 두 분야, 즉 철학과 영성을 향해 양자인지, 양자신경생물학, 양자의식 등 많은 문이 생겨났다. 이미 언급했듯, 보어는 자신의 상보성 원리에 더 많은 의미를 부여하고자 도교에 열렬한 관심을 가졌는데 양자물리학의 비非이원론적 논리를 더 잘 설명할 수 있는 것으로 여겨졌던 동양철학을 탐구한 사람은 보어만이 아니었다.

특히 인도철학의 영향도 컸다. 예를 들어 오펜하이머Oppenheimer는 힌두교의 주요 경전인 『바가바드기타』에 식견을 갖춘 애호가였으며, 봄은 일평생 인도 철학자 지두 크리슈나무르티Jiddu Krishnamurti 와 담소를 나누었고, 슈뢰딩거는 끊임없이 베다의 문헌들과 양자 원리 사이의 가교를 찾고자 했다. 하이젠베르크가 인식론 쪽으로 더 관심을 두는 동안 파울리는 카를 구스타프 융과 공시성 synchronicity 개념에 관한 의견을 나누었다. 디랙만이 이런 종류의 토론에 끼어들기를 거부했다. 그에 대해 파울리는 "신이 존재하지 않는 건 디랙이 그것을 예언했기 때문"이라며 조롱했으나, 이런 디랙을 제외한 모든 위대한 양자물리학자가 시기의 차이만 있을 뿐 실재의 성질과 그들 자신의 실재가 갖는 성질, 삶, 그리고 의식에 대한 존재론적 질문들을 제기했다. 이를테면 아인슈타인은 유대교와 매우 깊은 관련이 있었지만 결국 일종의 우주 종교를 믿기 시작했는데, 이 종교에서는 수학이 자연을 설명하는 유일하고 정확한 언어일 것이라고 생각되었다.

그런데 슈뢰딩거처럼 아인슈타인도 자신의 친구이자 인도의 시인인 타고르의 분야인 문학과 보편적 방식의 예술처럼 앞서 말한 성질의 것을 다루는 다른 분야에도 깊은 관심을 나타냈다. 그에 관해 파울리는 이 예술들이 기이한 양자적 비유들을 구체적으로 만들어줄 수 있는 유일한 것이라고 말했다.

오늘날 과학과 예술의 관계가 비약적 발전을 이루고 양측 모두 장려되며 중요시되고 있지만, 과학과 영성의 관계는 이해하기가 훨씬 복잡하다. 예외도 있겠지만 이 두 세계의 전문가들은 상대편의 세계로 파고들어 그것의 사유방식이나 믿음을 발견하기를 주저하는 듯하다. 그러나 한편으로 시민들은 일찍이 본 적 없을 정도로 의미를 찾아 헤매고 현대 과학, 특히 양자물리학의 개념과 언어를 제 것으로 받아들여 앞다투어 활용하고 있다.

예를 들어 영국의 로저 펜로즈Roger Penrose와 동료들의 주장을 뒷받침한 원리는, 세포의 기계적 특성에 관여하는 작은 튜브 모양의 분자중합체인 미소세관이 양자나노컴퓨터처럼 작동하는 양자계산의 중추가 될 수 있다는 것이다.

덜 야심적인 최근의 어떤 모델들은 뉴런 내부 인산염 분자들의 양자얽힘 효과에 근거하는 반면, 또 다른 모델들은 고전적인 혼돈의 효과가 어떤 양자효과들을 약화시키는 대신 확대시킬 수 있다는 가정에서 출발한다. 이 모델들이 확증되든 무효화되든 양자생물학의 영향은 이 새로운 과학 분야가 2010년 이후 끊임없이 열어주는 모든 경로를 탐사하기 위해 엄청난 투자가 진행되고 있음을 보면 알 수 있다.

🐚 또 다른 여행의 시작!

브라보! 지금 우리는 모두 양자물리학을 알리는 사절이 되었다! 우리는 이제 실마리가 되는 지도를 손에 쥐고 과학계의 뉴스를 이해할 수 있으며 양자물리학과 관련해 우리가 읽을 수 있는 모든 것에 관해 비판적인 시선을 가질 수 있게 되었다. 내용(어떤 양자효과나 현상이 정확히 표현되거나 해석되고 있는가?)에 대해서만큼이나 형식(그러한 표현이 적절한 방식으로 사용되고 있는가?)에 대해서도 비판적인 시선을 가질 수 있게 된 것이다. 비판적 시선은 맞지만 또한 열린 시선이다! 많은 사람이나 기관이 고의로든 고의가 아니든 양자물리학과 그 언어를 독자를 속이거나 단순히 이목을 끌거나 우스꽝스럽게 사용한다고 해서, 우리가 양자물리학이 기틀이 되는 새로운 탐험, 확장, 해석 들에 대해 열린 태도를 가질 수 없는 것은 아니다. 겨우 몇 년 전만 해도 누가 양자컴퓨터의 실재 혹은 생물학에서의 양자효과에 대해 확신할 수 있었겠는가?

진행 중인 이 두 분야의 혁명은 이상하면서도 당연하게 오스트리아 출신의 20세기 물리학자에게 큰 빚을 지고 있다. 천재적이고 영감을 불러일으키며 파격적이면서 감동을 주는, 하늘 높이 울려 퍼지는 그의 이름은 바로 에르빈 슈뢰딩거이다! 그러니 그의 길을 따라가보자. 창의적 생각과 호기심을 가지고, 특히 이것을 잊지 말자. "세계는 우리의 상상력을 그릴 캔버스와 다름없다!"(헨리 데이비드 소로Henry David Thoreau의 『콩코드강과 메리맥강에서의 일주일A week on the Concord and Merrimack rivers』)

용어 해설

~

간섭 두 개의(또는 그 이상의) 파동이 중첩되어 약한 빛과 강한 빛이 교대로 나타날('간섭무늬'라고 한다) 때 발생하는 물리적 현상. 양자 세계에서 이것은 파동함수 혹은 양자 상태들이 중첩되는 것이며, 간섭은 입자들(광자, 원자, 분자 등)과 함께 관찰된다.

결잃음 어떤 대상이 주변 환경과의 상호작용 결과 양자 결맞음을 상실하는 현상. 광의의 결잃음은 이 현상을 다루는 이론을 칭하기도 하며, 측정 도구 작동의 어떤 측면들을 이해할 수 있도록 해준다.

고전물리학 20세기 초 양자물리학과 특수상대성이론이 등장하기 이전에 지배적이었던 물리이론들(역학, 전자기학 등)의 총체.

공의 에너지 모든 물질과 복사가 제거되었을 때도 존재하는 전형적인 양자에너지. 양자장론에 따르면 이것은 변동하는 에너지의 바다이며 이 바다의 알려진 입자들은 일시적 도약으로 생각된다. 엄청난 밀도를 가진 공의 에너지는 접근 불가능한 것으로 알려져 있으나, 측정 가능한 효과들(이를테면 카시미르 효과)을 가질 수 있다.

국소적 실재론 이 원리에 따르면 입자는 가까운 환경에 의해서만 영향을 받을 수 있으며(국소성 원리), 이 입자는 관찰자 및 사용된 측정 도구와 별개로, 측정 전에 이미 잘 정의된 값을 가지고 있다(실재론 원리). 국소적 실재론은 양자 얽힘 현상으로 인해 틀린 것으로 증명되었다.

다세계 해석 양자물리학의 해석 방식 중 하나로 1957년 휴 에버렛이 정립했다. 공상적인 측면에도 불구하고 점점 더 많이 채택되고 있다. 이 해석은 측정의 확률론적 성질과 파동묶음 붕괴 과정의 사실성을 반박하고, 여러 가지 가능한 측정 결과는 모두 잘 얻어진 것이지만 각각의 결과는 하나의 평행우주 속에 존재하며, 결 잃음 현상이 측정 후 양자 상태의 성질을 설명한다고 말한다. 따라서 이 해석에 따르면 끊임없이 창조되고 있는 무한한 평행 세계들이 존재한다.

드브로이-봄 해석 양자물리학의 대체 해석인 이것은 1920년대 루이 드브로이에 의해, 그 후 1952년 데이비드 봄에 의해 발전되었다. 다른 주요 해석들과 반대로 이 해석은 입자들의 궤도 개념을 사실상 제거하지 않는다. 입자들은 슈뢰딩거방정식과 공간 어디에서나(그러므로 비국소적으로) 정의되는 전체 파동함수를 이용해 결정된다.

물질파 '파동함수'와 '확률파동'이란 용어들과 유의어처럼 쓰이는 이 개념은 물질을 이루는 입자들의 파동적인 면들을 설명해준다. 어떤 입자에서 이 파동은 추상적인 확률의 파동이다. 보스-아인슈타인 응축의 경우 이것은 실질적인 물리적 파동이다.

보손과 페르미온 알려진 입자들은 각자의 스핀 값에 따라 보손(스핀 값이 정수) 또는 페르미온(스핀 값이 반정수) 중 하나로 분류된다. 보손 입자들은 주변 환경의 온도가 내려가면 같은 양자 상태에 서로 모이는 경향(보스-아인슈타인 응축)이 있는 반면, 페르미온 입자들은 파울리의 배타 원리에 따르므로 같은 순간에 같은 양자 상태를 점유할 수 없다.

상태들의 중첩 어떤 물리량을 측정할 때 여러 가지 값이 도출될 수 있는 상태. 이 특성은 고전물리학에서 파동의 경우 잘 알려져 있고, 입자의 경우에는 전형적으로 양자적인 특성이 된다.

슈뢰딩거의 고양이　슈뢰딩거가 1935년에 고안한 사고 실험. 이 실험에서 고양이는 양자적 미시계와 얽힘 상태가 되어, 죽어 있는 동시에 살아 있는 중첩 상태에 있는 것으로 상상되었다. 이후 이 실험은 수많은 계(원자, 광자 등)와 더불어 이뤄졌는데 어떤 경우라도 고양이를 매우 소중히 다루었다.

스핀　입자의 양자적 특성으로 고전적인 대응물은 없으며 정수(0, 1, 2, …)나 반정수(1/2, 3/2, …) 값만 취할 수 있다. 후자에 해당하는 입자들을 페르미온이라 하며 파울리의 배타 원리가 적용된다.

양자 결맞음　관측 가능한 양자효과들(물질파, 상태의 중첩과 얽힘 등)을 나타내는 모든 대상 또는 대상의 집합체에 부여되는 속성.

양자도약　구분된 두 양자 상태 간의 거의 즉각적 전이. 양자도약은 자발적으로(방사성 핵분열 또는 원자의 바닥 상태로의 전이) 혹은 양자 측정 시 발생할 수 있다.

양자물리학　고전물리학으로 설명할 수 없는 관찰과 실험들(빛과 원자에너지의 양자화, 파동-입자 이중성 등)에 대응해 20세기 초 구축된 이론. 기술적으로 말하면 이것은 어떤 양자 상태에 내포된 정보들을 어떻게 뽑아낼 것인지 설명하는 수학적 법칙들의 총체이다.

양자 상태　어떤 물리계에 대해 알 수 있는 모든 것을 포함한다고 가정되는 수학적 크기. 기술적으로 말하면 이것은 복합 성분을 가진 벡터이다.

양자생물학　생물 환경에서 관찰되는 평범하지 않은 양자 결맞음 효과(광합성, 자기수용성, DNA 돌연변이)의 연구를 목적으로 하는 과학 분야.

양자 순간이동　구분된 두 장소 사이에서 어떤 대상(광자, 원자 등)의 양자 상태가 즉시 전이되는 것. 양자 얽힘 현상을 이용하는 이 과정 역시 고전적 통신 경로를 필요로 하므로 초광속으로 정보를 전송할 수는 없다.

양자 암호화 양자적 특성과 양자계에 근거한 암호기술. 메시지를 읽을 때 암호화된 메시지를 아무나 통제할 수 없게 반드시 변경되도록 하면 이론상 거의 완벽한 신뢰도를 가지고 메시지 전송 시 발생하는 모든 스파이 활동 시도를 적발할 수 있다.

양자 얽힘 전형적인 양자 현상으로, 이 현상이 있으면 처음에 연결된 두 개(혹은 그 이상)의 입자는 서로 얼마나 떨어져 있든 즉각적으로 연결되는 것처럼 보인다.

양자장론QFT 4가지 기본 상호작용 중 3가지(약한 상호작용, 강한 상호작용, 전자기적 상호작용)를 양자적으로 설명하기 위해 특수상대성이론에 양자물리학원리들을 결합한 일반적 이론 틀. 양자장론에서 입자들은 다소 길게 지속되는 숨겨진 양자장의 들뜸으로 인식된다.

양자전기역학QED 특수상대성이론과 양자물리학의 융합에서 비롯된 이론으로, 빛과 물질의 상호작용을 놀라운 정확도로 다룬다.

양자 측정 양자 세계(전형적 미시 영역)에서 일어나는 측정 작용으로, 고전적 측정과 여러 가지 면에서 차이점을 보인다. 양자 측정 시 가능한 결과들은 제한된 숫자로 표시된다(양자화). 결과값이 우연히 얻어진다(확률론적 성질). 관찰된 물체의 양자 상태는 측정을 통해 변경된다(파동묶음의 붕괴). 그런데 이 마지막 두 가지 차이점은 보편적으로 받아들여지지 않으며 특히 양자물리학의 수학적 형식을 해독하기 위해 사용되는 해석 방식에 의존하고 있다.

양자컴퓨터/양자정보과학 정보를 암호화하고 논리 게이트의 기본 연산을 실현하기 위해 큐비트를 사용한다. 양자컴퓨터는 중첩되고 얽힌 상태에 관한 계산이 가능하므로 고전적 컴퓨터보다 엄청날 정도로 더욱 강력한 기능을 갖는다.

양자화 어떤 물리량을 콴타의 형태, 즉 알갱이들로 구조화하는 것. 예를 들어 빛 에너지는 광자의 형태로 양자화된다.

영의 슬릿 물질뿐 아니라 빛의 파동–입자 이중성을 입증할 수 있게 해주는 이중 슬릿 장치.

장 매 순간 공간의 모든 지점에서 정의되는(이를테면 지구자기장처럼) 물리적 개체로, 물리학에서 알려진 4가지 상호작용을 설명하기 위한 매개체로 사용된다. 양자물리학, 특수상대성이론과 결합한 이 장들은 이 상호작용들과 관련해 '양자장론'의 기본 개념으로 연결된다.

코펜하겐 해석 양자물리학의 수학적 형식에 대한 가장 보편적인 물리적 해석 방법 중 하나이다. 1925~1927년 주로 닐스 보어와 베르너 하이젠베르크에 의해 만들어진 이 해석에 따르면 물체는 측정을 실시하기 전에는 잘 정의된 물리적 특성을 가지지 못한다. 또한 예측할 수 있는 정보만이 가능한 결과들의 발생 확률을 나타내며, 측정할 때 파동묶음의 붕괴가 발생한다.

큐비트 고전적 정보 비트의 양자적 대응물. 실제로 이것은 고전적 비트의 0과 1이라는 통상적 상태와 일치하는 두 가지 양자 상태를 갖는 계(원자, 광자, 이온 등)이다. 큐비트의 장점은 0의 상태와 1의 상태들로 이뤄진 어떤 중첩에 놓일 수 있다는 점이다.

터널효과 미시적 대상이 그것의 파동적 성질로 인해 벽을 통과해 즉시 반대편으로 이동하는 과정. 이 양자효과의 응용 분야는 수없이 많다(반도체, 원자력, 고해상도 현미경 등).

특수상대성이론 등속도로 상대운동을 하는 두 명의 관찰자에게 물리법칙(역학과 전자기학)이 불변한다는 점을 설명하기 위해 아인슈타인이 1905년 제시한 이론. 이 이론의 두 가지 특징은 광속의 불변과 질량–에너지의 관계식인 $E = mc^2$이다. 역시 아인슈타인이 만든 일반상대성이론(1916)은 특수상대성이론을 가속되는 상대운동과 중력으로까지 확장한 것이다.

파동묶음의 붕괴 이 과정을 통해 어떤 대상의 양자 상태는 측정 도구의 고유한 양자 상태 중 하나로 환원되는데, 이때 이 양자 상태는 측정 시 실제로(우연적으로) 얻어진 결과 수치와 일치한다.

파동-입자 이중성 물질과 빛의 입자들에서 관찰되는(예를 들면 영의 이중 슬릿 장치의 도움으로) 파동적이고 입자적인 이중의 행위를 표현하는 개념.

파동함수 공간 속에서 연속적으로 펼쳐지는 확률파동의 형태를 띤 어떤 양자 상태의 특수한 수학적 표현.

파울리의 배타 원리 두 개의 페르미온이 같은 순간 같은 양자 상태에 있는 것을 금하는 양자 원리. 이 원리 덕분에 원자의 구조와 고체 물질의 다양한 특성을 설명할 수 있다.

흑체 완벽한 반거울. 입사하는 빛을 모두 흡수하는 반면, 온도에 근거해서만 복사를 방출하는 물체.